21 世纪高等院校电气工程与自动化规划教材

21 century institutions of higher learning materials of Electrical Engineering and Automation Planning

Experiment of Electrical Machinery and Towage

电机与拖动实验教程

毛永明　主编

王长涛　陈楠　副主编

U0312269

人民邮电出版社

北　京

图书在版编目（CIP）数据

电机与拖动实验教程 / 毛永明主编. -- 北京：人
民邮电出版社，2013.8
21世纪高等院校电气工程与自动化规划教材
ISBN 978-7-115-31650-9

Ⅰ. ①电… Ⅱ. ①毛… Ⅲ. ①电机－实验－高等学校
－教材②电力传动－实验－高等学校－教材 Ⅳ.
①TM3-33

中国版本图书馆CIP数据核字(2013)第118210号

内 容 提 要

本书从实验教学角度出发，满足基本教学需要，同时适应于社会发展需要，提高学生工程实践能力。全书共分 3 个部分，第一部分是电机与拖动实验的基本要求和方法（第 1 章），第二部分是电机与拖动实验中一些基本物理量的测量与用电安全（第 2 章），第三部分是电机与拖动实验（第 3 章～第 7 章）。

本书在编写过程中注重文字言简意赅，内容深入浅出，突出实用性。

本书可作为理工类院校本科、专科及高职的相关专业学生实践环节的指导书，也可作为相关工程技术人员的参考书。

- ◆ 主　　编　毛永明
　　副 主 编　王长涛　陈　楠
　　责任编辑　刘　博
　　责任印制　彭志环　焦志炜
- ◆ 人民邮电出版社出版发行　　北京市崇文区夕照寺街 14 号
　　邮编　100061　　电子邮件　315@ptpress.com.cn
　　网址　http://www.ptpress.com.cn
　　北京昌平百善印刷厂印刷
- ◆ 开本：787×1092　1/16
　　印张：8　　　　　　　　　　2013 年 8 月第 1 版
　　字数：198 千字　　　　　　2013 年 8 月北京第 1 次印刷

定价：25.00 元

读者服务热线：**(010)67170985**　印装质量热线：**(010)67129223**
反盗版热线：**(010)67171154**

　　本书是《电机学》和《电机与拖动基础》理论课程配套用的实验教材，目的在于培养学生的创新能力，培养学生掌握理论指导下的实验方法，锻炼学生的实际操作能力以及常规电机的正确使用方法，使学生学会利用理论知识对测得的实验数据进行合理分析，作出正确结论，并在此基础上进行分析研究。由于电机学等课程理论性强、概念抽象、实践性强、涉及的基础理论较广，它对培养学生的科学思维能力、工程能力，提高学生分析问题和解决问题的能力起着至关重要的作用。

　　根据教育部"卓越工程师培养计划"的精神，为满足本科相关专业实验能力培养的需要，着力强化基础训练和应用训练，加深理解课堂知识，提高学生的工程实践能力，编写了本书。本书在编写过程中，注重实践教学与理论教学内容紧密结合，大量吸取近年来电机学相关课程教学改革的新成果，突出验证性实验与设计性实验的结合。

　　本书立足于本科应用型人才培养目标，适应于社会发展需要，提高学生工程实践能力。本书在编写过程中，参考了部分院校的教学大纲和相关实验课程运行情况，以满足基本实验教学需要和有较宽适应面。本书包含了3部分内容：第一部分是电机与拖动实验的基本要求和方法（第 1 章）；第二部分是电机与拖动实验中一些基本物理量的测量与用电安全（第 2 章）；第三部分是电机与拖动实验（第 3 章～第 7 章）。

　　本书由毛永明任主编，王长涛、陈楠任副主编。阚凤龙、张东伟、吕九一、阚洪亮、刘阳、魏溯华、华海荣、左传文花费大量时间为实验项目进行了调研和预试，程娟为本书英文参考资料做了大量整理翻译工作，在此谨致以深切的谢意。

　　本书主审是沈阳建筑大学信息与控制工程实验中心主任黄宽高级实验师，对本书提出了不少宝贵意见和建议，在此表示感谢。

　　由于编者水平有限，书中不足之处在所难免，敬请广大读者批评指正。

编　者
2013 年 1 月

目 录

第 1 章 电机与拖动实验的基本要求和方法

1.1 DDSZ-1 型电机系统教学实验台简介

1.1.1 DDSZ-1 型电机实验装置的主要结构部件使用说明

1. 电源控制屏简介

（1）三相 0～450V 可调交流电源，同时可得实验所需 0～250V 可调交流电源。

（2）直流电机实验所需的 220V、0.5A 励磁电源，40～230V、3A 可调电枢电源。

（3）三相电网电压与三相调压输出电压由 3 只指针式交流电压表（量程为 0～450V）表头指示，用切换开关切换；直流电机的励磁电源电压和电枢电源电压由 1 只直流数字电压表（量程为 0～300V）指示，用表下的一只切换开关切换。

2. 电源控制屏的启动和关闭

（1）关闭所有的电源开关，将交流电压表的切换开关置于"三相电网"一侧，将三相调压器旋钮旋到零位。

（2）接好机壳的接地线，插好三相四芯电缆线插头，接通三组 380V、50Hz 的交流市电。

（3）开启钥匙式三相"电源总开关"，红色按钮灯亮（按钮"关"，则红色灯亮），三只电压表将指示三相电网线电压值，同时屏右侧面上的 2 只单相三芯插座有 220V 交流电压输出。

（4）按下"开"按钮，红色灯灭，绿色灯亮，同时可听到屏内交流接触器瞬间吸合声，三相可调端 3 只发光二极管亮，屏正面大凹槽底部 6 处单相三芯 220V 圆形插座及屏左侧面单相二芯 220V 电源插座和三相四芯 380V 电源插座均有电压输出，电源控制屏启动完毕。

（5）控制屏挂件处凹槽底部设有 5 处四芯信号插座，在按钮"关"或按钮"开"时，插座后方两针均有 32V 交流电源输出，与指针式仪表相连，给仪表供电。当仪表超量程时，保护电路通过信号插座切断电源，"告警"指示灯亮，蜂鸣器响，并发出告警声。

（6）实验完毕，按下"关"按钮，绿色指示灯灭，红色指示灯亮，然后关闭三相"电源总开关"，红色指示灯灭，并检查一下各开关（包括直流"电枢电源"和"励磁电源"开关）是否都恢复到"关"的位置，三相调压器是否调回到零位，最后关闭电网闸刀。

3. 三相可调交流电源输出电压调节

（1）将交流电压表指示切换开关置于"三相调压"一侧，3 只电压表指针回零。

（2）按顺时针方向（即标志牌上"大"一侧）缓缓旋动三相自耦调压器的调节旋钮，

3 只电压表随之偏转，指示三相可调输出电压的 U、V、W 两两之间的线电压之值，实验完毕，将调节旋钮调回零位。

（3）三相电源主电路中设有 3A 带灯熔断器，若某相短路（或负载过大等），则熔断器指示灯亮，表明缺相，要及时更换熔管，并检查问题所在。三相可调输出端设有 3 只 3A 熔断器，若某相无输出，应检查熔管是否有断开或其他问题。在长时间运行时，输出电流不允许超过 2A，否则会损坏三相自耦调压器。控制回路（接触器控制回路，日光灯照明电路，控制屏内外漏电保护装置供电电路，信号插座供电电路及屏右侧面单相三芯插座供电等）设有 1.5A 熔断器，如控制回路失灵，检查熔管是否完好及问题所在。

4. 励磁电源、电枢电源的使用

先按照电源控制屏的启动方法启动交流电源控制屏。

（1）励磁电源的启动：将控制屏左下方励磁电源开关置于"开"，此时励磁电源"工作"指示灯亮，说明励磁电源正常。将电压指示切换开关置于"励磁电源"一侧，直流电压表指示"励磁电源"电压值约为 220V（熔丝额定电流为 0.5A）。

（2）电枢电源的操作

① 将电枢电源"电压调节"电位器按逆时针方向旋到底，并将电压指示"切换开关"置于"电枢电压"一侧，然后，将电枢电源开关置于"开"，经 4～5s 后可听到屏内接触器的瞬间吸合声，此时"工作"指示灯亮，电压表指示"电枢电源"输出电压（熔丝额定电流为 3A）。

② 顺时针旋转电枢电源输出电压调节电位器，输出电压增大，输出调节范围为 40～230V。

③ 电枢电源的保护系统：电枢电源具有过压、过流、过热及短路保护功能。

a. 过压保护：当电源输出电压超过保护设定值时，可听到屏内中间继电器瞬间吸合声，自动切断输出回路，此时蜂鸣器响，过压保护指示灯亮，电压表指示慢慢回至 0V。在调低电压后，按过压复位按钮，或停机后重新开机可恢复正常工作（有 4～5s 延时）。

b. 过流保护：当电源输出回路中的电流超过保护设定值时，交流接触器瞬时动作，自动切断输出回路，此时蜂鸣器响，过流保护指示灯亮，电压指示回零。当输出回路中的电流减小到低于 2.5A 时，电路自动恢复输出电压，正常工作。

c. 过热保护：当电源调整管温度过高时，温度保护器将动作，实现过热保护，保护过程类同过压保护。此时过压指示灯亮，蜂鸣响起。发生过热保护后必须停机让调整管自然冷却方可重新开机。

d. 短路保护：当电源开机时输出回路中的电流大于 2.5A 或输出短路时，电源不能正常启动，此时过流指示灯亮，蜂鸣器响；当输出电压到低于 2.5A 时电源便可正常启动，启动过程同上。在工作过程中，若出现意外或人为短路，则电源电压降为 0V，电流降为 0A，过流指示灯亮，蜂鸣器发出警声，消除故障，电源自动恢复工作。本电源采用的是软截止保护技术。

5. 日光灯的使用

开启钥匙式开关（红色按钮灯亮），将面板右上方的转换开关置于"照明"一侧，日光灯亮。反之则关闭日光灯。

6. 无源挂件的使用

属于无源挂件的有 DJ11、DJ12、D41、D42、D44、D51、D62、D63 各 1 个，它们没有外拖电源线，可直接钩挂在控制屏的两根不锈钢管上并沿钢管左右随意移动。

（1）DJ11 组式变压器

由 3 只相同的双绕组单相变压器组成，每只单相变压器的高压绕组额定值为 220V、0.35A，低压绕组的额定值为 55V、1.4A。

3 只变压器可单独作单相变压器实验，也可将其连成三相变压器组进行实验，此时，三相高压绕组的首端分别用 A、B、C 标号，其对应末端用 X、Y、Z 标号，三相低压绕组的首端用小写 a、b、c 标号，其对应末端用小写 x、y、z 标号。

（2）DJ12 三相芯式变压器

三相芯式变压器是一个三柱铁芯结构的三相三绕组变压器。每个铁芯柱即每相上安装有高压、中压和低压 3 个绕组，每个高压绕组的额定值为 127V、0.4A，每个中压绕组的额定值为 63.6V、0.8A，每个低压绕组的额定值为 31.8V、1.6A。三相高压绕组的首端分别为 A、B、C 标号，其对应末端用 X、Y、Z 标号；三相中压绕组的首端分别为 Am、Bm、Cm 标号，其对应末端用 Xm、Ym、Zm 标号；三相低压绕组的首端分别为 a、b、c 标号，其对应末端用 x、y、z 标号。所以 18 个接线端在内部互不连接，可按实验指导书要求进行各种连接。

（3）D41 三相可调电阻器

由 3 只 90Ω×2，1.3A、150W 可调瓷盘电阻器组成。每只 90Ω 电阻串接 1.5A 保险丝，以作过载保护。其中第一个电阻器设有两组 90Ω 固定阻值的接线柱，做实验时可作为电机负载及启动电阻使用，也可他用。

（4）D42 三相可调电阻器

由 3 只 900Ω×2，0.41A、150W 可调瓷盘电阻器组成。每只 900Ω 电阻串接 0.5A 保险丝，以作过载保护。其中第一个电阻器设有两组 900Ω 固定阻值的接线柱，做实验时可作为电机负载及励磁电阻使用，也可他用。

（5）D44 可调电阻器、电容器

由 90Ω×2，1.3A、150W 可调瓷盘式电阻器，900Ω×2，0.41A、150W 瓷盘电阻器，35μF（450V）、4μF（450V）电力电容器各一只及两只单刀双掷开关组成。每只 90Ω 和 900Ω 电阻器都串接有保险丝保护，其中 90Ω 电阻器设有两组 90Ω 固定阻值的接线柱。

90Ω×2 电阻器一般用于直流他励电动机与电枢串联的启动电阻，900Ω×2 电阻器一般用于与励磁绕组串联的励磁电阻。

35μF（450V）电容器为单相电容启动异步电动机的启动电容器。

4μF（450V）电容器为单相电容运转异步电动机的运行电容器。

（6）D51 波形测试及开关板

本挂件由波形测试部分和一个三刀双掷开关、两个双刀双掷开关组成。

波形测试部分：用于测试三相组式变压器及三相芯式变压器不同接法时的空载电流、主磁通。相电势、线电势及三角形（△形）连接的闭合回路中三次谐波电流的波形。面板上方"Y₁"和"⊥"两个接线柱接示波器的输入端，任意按下 5 个琴键开关中的一个时（不能同时按下 2 个或 2 个以上的琴键），示波器屏幕上显示与该琴键开关上所标的指示符号相对应的波形。S₁、S₂、S₃ 三个开关，用作 Y/△ 换接的手动切换开关，或另作他用。

（7）D62、D63 继电器接触挂件

本挂件提供中间继电器（线圈电压 220V）2 只，热继电器 1 只，熔断器 3 只，转换开关 3 只，按钮 1 只，行程开关 4 只，信号灯、保险丝座各 1 只。还提供交流接触器（线圈电压 380V）2 只，热继电器 1 只，时间继电器 1 只，变压器（220V/26V/6.3V）、整流电路、能耗制动电阻（100Ω/20W）各一组，按钮三组。

7. 有源挂件的使用

有源挂件是 D31 两件，D32、D33、D34、D35、D36、D52 各 1 件，共 8 件，它们的共同点都是需要外接交流电源，因此都有一根外拖的电源线。对于 D31、D34、D35、D36、D52 五个挂件，要外拖一根三芯护套线和 220V 三芯圆形电源插头（配控制屏挂件凹槽处的 220V 三芯插座）；对于 D32 交流电流表和 D33 交流电压表两个挂件，要外拖一根四芯护套和航空插头，插于控制屏挂件凹槽处的四芯插座。

（1）D31 直流数字电压、电流表

① 将此挂件挂在钢管上，并移动到合适的位置，插好电源线插头。挂件在钢管上不能随便移动，否则会损坏电源线及插头等。

② 电压表的使用：通过导线将"+"、"−"两极并接到被测对象的两端，对 4 挡琴键开关进行操作，完成电压表的接入和对量程的选择。电压表的"+"、"−"两极要与被测量的正负端对应，否则电压表表头的第一个数码管将会出现"−"，表示极性接反。

关	2V	20V	200V	1000V

在使用过程中要特别注意应预先估算被测量的范围，以此来正确选择适当的量程，否则易损坏仪表。

③ 毫安表的使用：通过导线将"+"、"−"两端串接在被测电路中，对 4 挡琴键开关进行操作，完成毫安表的接入和对量程的选择。如果极性接反，毫安表表头的第一个数码管将会出现"−"。

关	2mA	20mA	200mA

④ 电流表（5A 量程）的使用：将"+"、"−"两端串接在被测电路中，按下开关按钮，数码管便显示被测电流之值。如果极性接反，电流表表头的第一个数码管将会出现"−"。

（2）D32 交流电流表

① 挂好此挂件，接插好电源信号线插座。

② 挂件上共有 3 个完全相同的多量程指针式交流电流表，各表都设置 4 个量程（0.25A、1A、2.5A 及 5A），并通过琴键开关进行切换。

③ 实验接线要与被测电路串联，量程换挡及不需要指示测量值时，将"测量/短接"键处于"短接"状态；需要测量时，将"测量/短接"键处于"测量"状态。

④ 当测量电流小于 0.25A 时，选择"0.25A"、"*"这 2 个输入口；当测量电流大于 0.25A 小于 1A 时，选择"1A"、"*"这 2 个输入口；当测量电流大于 1A 小于 2.5A，选择"2.5A"、"*"这 2 个输入口；当测量电流大于 2.5A 小于 5A 时，选择"5A"、"*"这 2 个输入口。使用前要估算被测量的大小，以此来选择适当的量程，并按下该量程按键，相应的指示灯亮，指针指示出被测量值。

⑤ 若被测量值超过仪表某量程的量限，则告警指示灯亮，蜂鸣器发出告警信号，并使控制屏内接触器跳开。将该超量程仪表的"复位"按钮按一下，蜂鸣器停止发出声音，重新选择量程或将测量值减小到原量程测量范围内，再启动控制屏，方可继续实验。

（3）D33 交流电压表

① 挂好此挂件，接插好电源信号线插座。

② 挂件上共有 3 个完全相同的多量程指针式交流电压表，各表都设置 5 个量程（30V、75V、150V、300V 及 450V），并通过琴键开关进行切换。

③ 实验接线要与被测电路并联，并估算被测量的大小，以此选择合适的量程按键，相应的绿色指示灯亮，指针指示出被测量值。

④ 若被测量值超过仪表某量程的量限，则告警指示灯亮，蜂鸣器发出告警信号，并使控制屏内接触器跳开。将该超量程仪表的"复位"按钮按一下，蜂鸣器停止发出声音，重新选择量程或将测量值减小到原量程测量范围内，再启动控制屏，方可继续实验。

（4）D34 单相智能数字功率、功率因数表

本产品主要由微电脑、高精度 A/D 转换芯片和全数字显示电路构成。为了提高电压、电流的测量范围和测试精度，在硬、软件结构上，均分为 8 挡测试区域，测试过程中皆自动换挡。主要功能如下：①单相功率及三相功率 P_1、P_2、P（总功率）测量，输入电压、电流量程分别为 450V、5A；②功率因数 $\cos\phi$ 测量，同时显示负载性质（感性或容性）以及被测电压、电流的相位关系；③频率和周期测量，测量范围分别为 $1.00\sim99.00$Hz 和 $1.00\sim99.00$ms；④对测试过程中数据进行储存，可记录 15 组测试数据（包括单相功率、三相功率[P_1、P_2、P]、功率因数 $\cos\phi$ 等），可随时检阅。测量接线与一般功率表相同，即电流线圈与被测电路串联，电压线圈与被测电路并联。

8. 交直流电机的使用

（1）直流电机：DJ13 直流复励发电机、DJ14 直流串励电动机、DJ15 直流并励电动机。各电机的电枢绕组和励磁绕组的端子都已引到接线板上，接线时红色接线柱接电源的正端，黑色接线柱接负端，直流电动机即可正转，直流发电机发出以红色接线柱为正端，黑色接线柱为负端的直流电压。

（2）三相电机：DJ16 三相鼠笼式异步电动机、DJ17 三相线绕式异步电动机、DJ22 三相双速异步电动机。各电机的三相绕组均已引到接线板上，接线时把电机绕组接线端与控制屏交流电源输出端的彩帽颜色对应起来（黄、绿、红），电机即可正转。三相鼠笼式异步电动机是三角形接法（额定电压 220V），三相绕线式异步电动机和三相同步电动机是星形接法（额定电压 220V）。其中 DJ17 右边的 4 个接线柱中红色的表示 3 个转子的一端，黑色接线柱表示 3 个转子的公共端，转子绕组即可串接电阻，也可直接短路。

（3）单相电动机：D19 单相电容启动异步电动机、DJ20 单相电容运转异步电动机、DJ21 单相电阻启动异步电动机。各电机的绕组均已引到接线板上，实验时，只要从控制屏三相交流输出处取两相 220V 电压即可。其中 DJ19 要用 D44 挂件中的 35μF 启动电容，DJ20 要用 D44 中的 4μF 运转电容，DJ21 单相电阻启动异步机的启动电阻已经安装在电机内部，只需按实验指导书接线即可。

（4）DJ23 校正过的直流电机。作测功机时，它是发电机，根据某一特定励磁电流下发电机的电枢电流，查出转矩曲线上对应的转矩 T，即可算出功率（$P = 0.1045 \times T \times n$）。同时，DJ23 也可作为直流电动机使用，如带动同步发电机、作电机机械特性实验等。接线时励磁绕组和电枢绕组的红接线柱接电源正端，黑色接线柱接负端，即可正转或发出相应的直流电压。

（5）DJ 三相鼠笼电动机。接法同 DJ16，三角形接法时工作电压为 220V，星形接法时工

作电压为 380V。用来做继电接触控制实验和工厂电气控制实验。

9. 导轨及转速表的使用

出厂时，这 3 个部件已由厂方安装调试完毕，可以直接使用。

使用时，转速表一端应在桌面电源控制屏一侧，并以实验内容的不同适当改变位置。安装电机时，首先要把电机底座有燕尾槽的一侧与测速发电机转轴的联轴器相连（不宜太紧），然后用偏心螺丝把电机与导轨固定。电机与电机相连也是按照此方法进行。

转速表面板上设有"正向"与"反向"、"1800"与"3600"的转换开关。测速时，以测速发电机轴顺时针方向旋转为正向，反之为反向。而板上正反向的指示应与电机转向一致，否则，指针反偏。当电机转速低于 1800r/min 时，转速切换开关应选择"1800"挡；高于 1800r/min 时，则选择"3600"这一挡。

10. 测力矩支架、测力矩圆盘及弹簧称的使用

这是测试电机启动力矩的实验装置。

实验时，将测力矩支架固定在导轨上适当的位置（用内六角螺丝固定，固定时，4 颗螺丝要均匀用力）。测力矩圆盘用内六角螺丝固定在电机装有联轴器的一端，并将尼龙绳一端穿过圆盘边缘上的一个小孔（尼龙绳一端要打结，且不能穿过圆孔，另一端打结挂在弹簧称的挂钩上）。弹簧称挂在支架上适当的沟槽内。

圆盘外圆直径为 110mm，沟槽低形成的圆直径 D 为 110mm，弹簧称测量单位为牛顿（N），通过公式：$T = F \times \dfrac{D}{2}$，即可求出力矩，单位为"牛顿·米"。

注意：圆盘上的小槽应与弹簧称在一条直线上，测试时，电机一定要固定紧。

1.1.2 DDSZ-1 型电机实验装置中各种类型被测试电机的额定值

DDSZ-1 型电机实验装置中各种类型被测试电机的额定值如表 1-1 所示。

表 1-1　　　DDSZ-1 型电机及电气技术实验装置被测试电机铭牌数据一览表

序号	编号	名　称	P_N(W)	U_N(V)	I_N(A)	n_N (r/min)	U_{FN} (V)	I_{FN} (A)	绝缘等级	备注
1	DJ11	三相组式变压器	230/230	380/95	0.35/1.4					Y/Y
2	DJ12	三相芯式变压器	152/152/152	220/63.6/55	0.4/1.38/1.6					Y/△/Y
3	DJ13	直流复励发电机	100	200	0.5	1 600			E	
4	DJ14	直流串励电动机	120	220	0.8	1 400			E	
5	DJ15	直流并励电动机	185	220	1.2	1 600	220	<0.16	E	
6	DJ16	三相鼠笼式异步电动机	100	220(△)	0.5	1 420			E	
7	DJ17	三相线绕式电机	120	220（Y）	0.6	1 380			E	
10	DJ19	单相电容启动电机	90	220	1.45	1 400			E	C=35μF
11	DJ20	单相电容运转电机	120	220	1.0	1 420			E	C=4μF
14	DJ23	校正直流测功机	355	220	2.2	1 500	220	<0.16	E	

1.2 电机与拖动实验的基本要求

电机及电气技术实验课的目的在于培养学生掌握基本的实验方法与操作技能。培养学生能根据实验目的、实验内容及实验设备来拟定实验线路，选择所需仪表，确定实验步骤，测取所需数据，进行分析研究，得出必要结论，从而完成实验报告。学生在整个实验过程中必须集中精力，及时认真做好实验。现按实验过程对学生提出下列基本要求。

一、实验前的准备

实验前应复习教科书有关章节，认真研读实验指导书，了解实验目的、项目、方法与步骤，明确实验过程中应注意的问题（有些内容可到实验室对照实验预习，如熟悉组件的编号、使用及其规定值等），并按照实验项目准备记录抄表等。

实验前应写好预习报告，经指导教师检查认为确实做好了实验前的准备，方可开始做实验。

认真做好实验前的准备工作，对于培养学生独立工作能力，提高实验质量和保护实验设备都是很重要的。

二、实验的进行

1. 建立小组，合理分工

每次实验都以小组为单位进行，每组由两三人组成，实验进行中的接线、调节负载、保持电压或电流、记录数据等工作每人应有明确的分工，以保证实验操作协调，记录数据准确可靠。

2. 选择组件和仪表

实验前先熟悉该次实验所用的组件，记录电机铭牌和选择仪表量程，然后依次排列组件和仪表便于测取数据。

3. 按图接线

根据实验线路图及所选组件、仪表，按图接线，线路力求简单明了，一般按接线原则是先接串联主回路，再接并联支路。为查找线路方便，每路可用相同颜色的导线。

4. 启动电机，观察仪表

在正式实验开始之前，先熟悉仪表刻度，并记下倍率，然后按一定规范启动电机，观察所有仪表是否正常（如指针正、反向是否超满量程等）。如果出现异常，应立即切断电源，并排除故障；如果一切正常，即可正式开始实验。

5. 测取数据

预习时对电机的试验方法及所测数据的大小做到心中有数。正式实验时，根据实验步骤逐次测取数据。

6. 认真负责，实验有始有终

实验完毕，须将数据交指导教师审阅。经指导教师认可后，才允许拆线并把实验所用的组件、导线及仪器等物品整理好。

三、实验报告

实验报告是根据实测数据和在实验中观察和发现的问题，经过自己分析研究或分析讨论后写出的心得体会。

实验报告要简明扼要、字迹清楚、图表整洁、结论明确。

实验报告包括以下内容。

（1）实验名称、专业班级、学号、姓名、实验日期、室温（℃）。

（2）列出实验中所用组件的名称及编号，电机铭牌数据（P_N、U_N、I_N、n_N）等。

（3）列出实验项目并绘出实验时所用的线路图，并注明仪表量程、电阻器阻值、电源端编号等。

（4）对数据整理和计算。

（5）按记录及计算的数据用坐标纸画出曲线，图纸尺寸不小于 $8cm \times 8cm$，曲线要用曲线尺或曲线板连成光滑曲线，不在曲线上的点仍按实际数据标出。

（6）根据数据和曲线进行计算和分析，说明实验结果与理论是否符合，可对某些问题提出一些自己的见解并最后写出结论。实验报告应写在一定规格的报告纸上，保持整洁。

（7）每次实验每人独立完成一份报告，按时送交指导教师批阅。

1.3　电机与拖动实验室安全操作规程

为了按时完成电机及电气技术实验，确保实验时人身安全与设备安全，要严格遵守如下规定的安全操作规程。

（1）实验时，人体不可接触带电线路。

（2）接线或拆线都必须在切断电源的情况下进行。

（3）学生独立完成接线或改接线路后必须经指导教师检查和允许，并使组内其他同学引起注意后方可接通电源。实验中如发生事故，应立即切断电源，经查清问题和妥善处理故障后，才能继续进行实验。

（4）电机如直接启动则应先检查功率表及电流表的电流量程是否符合要求，是否有短路回路存在，以免损坏仪表或电源。

（5）总电源或实验台控制屏上的电源接通应由实验指导人员来控制，其他人只能由指导人员允许后方可操作，不得自行合闸。

2.1 电机与拖动实验中一些基本物理量的测量

用来测量电流、电压、功率等电量的仪器、仪表，称为电工测量仪表。它不仅可以用来测量各种电量，还可以利用相应变换器的转换来间接测量各种非电量，如温度、压力等。在种类繁多的电工仪表中，应用最广、数量最大的是指针式仪表。另外，随着科学技术的发展，数字仪表、智能仪表和虚拟仪表也逐渐应用于电工测量中。

1. 电工指示仪表的基本组成和工作原理

电工指示仪表的基本工作原理都是将被测电量或非电量变换成指示仪表活动部分的偏转角位移量。如图 2-1 所示，电工指示仪表一般由测量线路和测量机构 2 个部分组成。

被测量往往不能直接加在测量机构上，一般需要将被测量转换成测量机构以测量的过渡量，这个将被测量转换为过渡量的结构部分称为测量线路。将过渡量按某一关系转换成偏转角的机构称为测量机构，它由活动部分和固定部分组成，是仪表的核心。

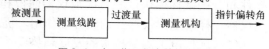

图 2-1 电工指示仪表的基本组成

测量线路的作用是利用测量机构把被测电量或非电量转换为能直接测量的电量。测量机构的主要作用是产生使仪表指示器偏转的转动力矩，以及产生使指示器保持平衡和迅速稳定的反作用力矩及阻尼力矩。

它的活动部分可在偏转力矩的作用下偏转。同时测量机构产生反作用力矩的部件所产生的反作用力矩也作用在活动部件上，当转动力矩与反作用力矩相等时，可动部分便停止下来。由于可动部分具有惯性，以至于可动部分达到平衡时不能迅速停止下来，而是在平衡位置附近来回摆动。测量机构中的阻尼装置产生的阻尼力矩使指针迅速停止在平衡位置上，指示出被测量的大小，这就是电工指针仪表的基本工作原理。

2. 常用电工仪表的分类

电工测量仪表种类繁多，分类方法也各有不同，了解电工测量仪表的分类，有助于认识它们所具有的特性，对了解电工测量仪表的原理有一定的帮助。下面介绍几种常见的电工测量仪表的分类方法。

（1）按仪表的工作原理分类

根据测量仪表的工作原理，指示式仪表有几种类型：磁电系仪表、电磁系仪表、电动系仪表、感应系仪表、电子系和整流系仪表等。

（2）按测量对象分类

根据测量对象的不同，指示式仪表有电流表、电压表、功率表、电阻表、频率表以及多种用途的万用表等。

（3）按测量电量的种类分类

根据测量电量的类型不同，指示式仪表分为直流仪表、单相交流表、交直两用表和三相交流表等。

（4）按测量准确度分类

根据测量准确度等级，仪表有 0.1、0.2、0.5、1.0、1.5、2.5、5.0 共 7 个等级。

（5）按仪表的内部结构分类

根据仪表的内部结构，仪表有模拟仪表、数字仪表、智能仪表等。

3．电工测量仪表的发展

（1）电工测量仪表的发展

电工测量仪表的发展大体经历了如下 4 个阶段。

① 模拟仪表。模拟仪表基本结构是电磁机械式的，借助指针来显示测量结果。

② 数字仪表。数字仪表将模拟信号的测量转换为数字信号的测量，并以数字方式输出测量结果。

③ 智能仪表。智能仪表内置微处理器和 GPIB 接口，既能进行自动测量又具有一定的数据处理能力。它的功能模块全部以软件或固化软件形式存在，但在开发或应用上缺乏灵活性。

④ 虚拟仪器。虚拟仪器是一种功能意义上的仪器，在微型计算机上添加强大的测试应用软件和一些硬件模块，具有虚拟仪器面板和测量信息处理系统，使用户操作微机就像操作真实仪器一样。虚拟仪器强调软件的作用，提出"软件就是仪器"的概念。

（2）现代电工测量技术的发展趋势

随着微电子技术、计算机技术及数字信号处理（DSP）等先进技术在测试技术中的应用，就共性和基础技术而言，现代电工测量技术的发展趋势是：集成仪器、测试系统的体系结构、测试软件、人工智能测试技术等方面，以下着重讲述集成仪器和测试软件两个方面。

① 集成仪器概念。仪器与计算机技术的深层次结合产生了全新的仪器结构概念。从虚拟仪器、卡式仪器、VXI 总线仪器……直至集成仪器概念，至今还未有正式的定义。一般说来，将数据采集卡插入计算机空槽中，利用软件在屏幕上生成虚拟面板，在软件导引下进行信号采集、运算、分析和处理，实现仪器功能并完成测试的全过程，这就是所谓的虚拟仪器。即由数据采集卡、计算机、输出（D/A）及显示器这种结构模式组成仪器通用硬件平台，在此平台基础上调用测试软件完成某种功能的测试任务，便构成该种功能的测量仪器，成为具有虚拟面板的虚拟仪器。在此同一平台上，调用不同的测试软件就可构成不同功能的虚拟仪器，故可方便地将多种测试功能集于一体，实现多功能集成仪器。因此，出现了"软件就是仪器"的概念，如对采集的数据通过测试软件进行标定和数据点的显示就构成一台数字存储示波器；若对采集的数据利用软件进行快速傅里叶变换（FFT），则构成一台频谱分析仪。

② 测试软件。在测试平台上，调用不同的测试软件就构成不同功能的仪器，因此软件在系统中占有十分重要的地位。在大规模集成电路迅速发展的今天，系统的硬件越来越简化，软件越来越复杂，集成电路器件的价格逐年大幅下降，而软件成本费用则大幅上升。测试软件不论对大的测试系统还是单台仪器子系统来讲都是十分重要的，而且是未来发展和竞争的

焦点。有专家预言："在测试平台上，下一次大变革就是软件。"

信号分析与处理要求取的特征值，如：峰值、有效值、均值、均方根值、方差、标准差等，若用硬件电路来获取，其电路极为复杂，若要获得多个特征值，电路系统则很庞大；而另一些数据特征值，如相关函数、频谱、概率密度函数等则是不可能用一般硬件电路来获取的，即使是具有处理器的智能化仪器，如频谱分析仪、传递函数分析仪等。而在测试平台上，信号数据特征的定义式用软件编程很容易实现，从而使得那些只能是"贵族式"分析仪器才具有的信号分析与测量功能得以在一般工程测量中实现，使得信号分析与处理技术能够广泛应用于工程生产实践。

软件技术对于现代测试系统的重要性，表明计算机技术在现代测试系统中的重要地位。但不能认为，掌握了计算机技术就等于掌握了测试技术。这是因为，计算机软件永远不可能全部取代测试系统的硬件，不懂得测试系统的基本原理不可能正确地组建测试系统和正确应用计算机。一个专门的程序设计者，可以熟练而又巧妙地编制科学算法的程序，但若不懂测试技术则根本无法编制测试程序。测试程序是专业程序编制人员无法编写的，而必须由精通测试技术的工程人员来编写。因此，现代测试技术既要求测试人员熟练掌握计算机应用技术，更要深入掌握测试技术的基本理论。

因此，通用集成仪器平台的构成技术与数据采集、数字信号处理的软件技术是决定现代测试仪器、系统性能与功能的两大关键技术。以虚拟/集成仪器为代表的现代测试仪器、系统与传统测试仪器相比较的最大特点是：用户在集成仪器平台上根据自己的要求开发相应的应用软件，就能构成自己需要的实用仪器和实用测试系统，其仪器的功能不限于厂家的规定。因此，学习了解测量原理是非常必要的。

4．电工仪表的选择

电工仪表的选择应从以下几个方面进行考虑。

（1）仪表类型的选择

根据被测量是直流量还是交流量来选用直流仪表或交流仪表。若被测量是直流量时，常采用磁电式仪表，也可选用电动式仪表；若被测量是正弦交流量时，只需测出其有效值即可换算出其他值，可用任何一种交流仪表；若被测量是非正弦量，测量有效值用电动式或电磁式仪表测量，测量平均值用整流式仪表测量，测量瞬时值则用示波器。应该注意，如果被测量是中频或高频，应选择频率范围与之相适应的仪表。

（2）准确度的选择

应根据测量所要求的准确度来选择相适应的仪表等级。仪表的准确度越高，造价就越高。因此，从经济角度考虑，实际测量中，在满足测量精度要求的情况下，不要选用高准确度的仪表。

通常准确度等级为 0.1 级、0.2 级的仪表为标准表，也可用于精密测量；0.5 级、1.0 级的仪表可用于实验室；而工程实际中对仪表准确度的要求较低，在 1.5 级以下。

（3）量限的选择

被测量的值越接近仪表的满刻度值，测量值的准确度就越高，但同时还要兼顾可能出现的最大值，通常应使被测量不小于量限的 2/3。

（4）内阻的选择

仪表内阻的大小反映了仪表本身的功耗，仪表的功耗对被测对象的影响越小越好。应根据被测量阻抗的大小和测量线路来合理选择仪表内阻的大小。

（5）根据仪表的工作条件选择

要根据仪表所规定的工作条件，并考虑使用场所、环境温度、湿度、外界电磁场等因素的影响选择合适的仪表，否则将引起一定的附加误差。总之，在选择仪表时，不应片面追求仪表的某一项指标，应根据被测量的特点，从以上几方面进行全面考虑。

2.2 测量误差

任何测量仪器的测得值都不可能完全准确地等于被测量的真值。在实际测量过程中，人们对于客观事物认识的局限性，测量工具不准确，测量手段不完善，受环境影响或测量工作中的疏忽等，都会使测量结果与被测量的真值在数量上存在差异，这个差异称为测量误差。

随着科学技术的发展，对于测量精确度的要求越来越高，要尽量控制和减小测量误差，使测量值接近真值，所以测量工作的值取决于测量的精确程度。当测量误差超过一定限度时，由测量工作和测量结果所得出的结论将是没有意义的，甚至会给工作带来危害，因此对测量误差的控制就成为衡量测量技术水平乃至科学技术水平的一个重要方面。但是，由于误差存在的必然性与普遍性，人们只能将它控制在尽量小的范围，而不能完全消除它。

实验证明，无论选用哪种测量方法，采用何种测量仪器，其测量结果总会含有误差。即使在进行高准确度的测量时，也会经常发现同一被测对象的前次测量和后次测量的结果存在差异，用这一台仪器和用那一台仪器测得的结果也存在差异，甚至同一位测量人员在相同的环境下，用同一台仪器进行的两次测量也存在误差，且这些误差又不一定相等，被测对象虽然只有一个，但测得的结果却往往不同。当测量方法先进，测量仪器准确时，测得的结果会更接近被测对象的实际状态，此时测量的误差小，准确度高。但是，任何先进的测量方法，任何准确量的误差都不会等于零。或者说，只要有测量，必然有测量结果，有测量结果必然产生误差。误差自始至终存在于一切科学实验和测量全过程之中，不含误差的测量结果是不存在的，这就是误差公理。重要的是要知道实际测量的精确程度和产生误差的原因。

研究误差的目的，归纳起有如下几个方面。

① 正确认识误差产生的原因和性质，以减小测量误差。

② 正确处理测量数据，以得到接近真值的结果。

③ 合理地制定测量方案，组织科学实验，正确地选择测量方法和测量仪器，以便在条件允许的情况下得到理想的测量结果。

④ 在设计仪器时，由于理论不完善，计算时采用近似公式，忽略了微小因素的作用，从而导致了仪器原理设计误差，它必然影响测量的准确性。因此设计时必须要用误差理论进行分析并适当控制这些误差因素，使仪器的测量准确程度达到设计要求。

可见，误差理论已经成为从事测量技术和仪器设计、制造技术的科技人员所不可缺少的重要理论知识，它同任何其他科学理论一样，将随着生产和科学技术的发展而进一步得到发展和完善，因此正确认识与处理测量是十分重要的。

1. 测量误差的表示方法

测量误差可表示为 4 种形式。

（1）绝对误差

绝对误差为由测量所得的示值与真值之差，即

$$\Delta A = A_x - A_0 \tag{2-1}$$

式中，ΔA——绝对误差；

  A_x——示值，在具体应用中，示值可以用测量结果的测量值、标准量具的标称值、标准信号源的调定值或定值代替；

  A_0——被测量的真值，由于真值的不可知性，常用约定真值和相对真值代替。绝对误差可正可负，且是一个有单位的物理量。绝对误差的负值称为修正值，也称补值，一般用 C 表示，即

$$C = -\Delta A = A_0 - A_x \qquad (2-2)$$

测量仪器的修正值一般是通过计量部门检定给出。从定义不难看出，测量时利用示值与已知的修正值相加就可获得相对真值，即实际值。

（2）相对误差

相对误差定义为绝对误差与被测量真值之比，一般用百分数形式表示，即

$$\gamma_0 = \frac{\Delta A}{A_0} \times 100\% \qquad (2-3)$$

这里真值 A_0 也用约定真值或相对真值代替。但在约定真值或相对真值无法知道时，往往用测量值（示值）代替，即

$$\gamma_x = \frac{\Delta A}{A_x} \times 100\% \qquad (2-4)$$

应注意，在误差比较小时，γ_0 和 γ_x 相差不大，无需区分，但在误差比较大时，两者相差悬殊，不能混淆。为了区分，通常把 γ_0 称为真值相对误差或实际值相对误差，而把 γ_x 称为示值相对误差。

在测量实践中，常常使用相对误差来表示测量的准确程度，因为它方便、直观。相对误差愈小，测量的准确度就愈高。

（3）引用误差

引用误差定义为绝对误差与测量仪表量程之比，用百分数表示，即

$$\gamma_n = \frac{\Delta A}{A_m} \times 100\% \qquad (2-5)$$

式中，γ_n——引用误差；

  A_m——测量仪表的量程。

测量仪表各指示（刻度）值的绝对误差有正有负，有大有小。所以，确定测量仪表的准确度等级应用最大引用误差，即绝对误差的最大绝对值 $|\Delta A|_m$ 与量程之比。若用 γ_{nm} 表示最大引用误差，则有

$$\gamma_{nm} = \frac{|\Delta A|_m}{A_m} \times 100\% \qquad (2-6)$$

国家标准 GB776-76《测量指示仪表通用技术条件》规定，电测量仪表的准确度等级指数 a 分为：0.1、0.2、0.5、1.0、1.5、2.5、5.0 共 7 级。它们的基本误差（最大引用误差）不能超过仪表准确度等级指数 a 的百分数，即

$$\gamma_{nm} \leqslant a\% \qquad (2-7)$$

依照上述规定，不难看出：电工测量仪表在使用时所产生的最大可能误差可由下式求出

$$\Delta A_{\mathrm{m}} = \pm A_{\mathrm{m}} \times a\% \tag{2-8}$$

$$\gamma_{\mathrm{x}} = \pm(A_{\mathrm{m}}/A_{\mathrm{x}}) \times a\% \tag{2-9}$$

引用误差是为了评价测量仪表的准确度等级而引入的,它可以较好地反映仪表的准确度,引用误差越小,仪表的准确度越高。

[例] 某 1.0 级电压表,量程为 500 V,当测量值分别为 $U_1 = 500\text{V}$,$U_2 = 250\text{ V}$,$U_3 = 100\text{ V}$ 时,试求出测量值的(最大)绝对误差和示值相对误差。

解:根据式(2-1)可得绝对误差

$$\Delta U_1 = \Delta U_2 = \Delta U_3 = \pm 500\text{V} \times 1.0\% = \pm 5\text{V}$$

$$\gamma_{U_1} = (\Delta U_1/U_1) \times 100\% = (\pm 5/500) \times 100\% = \pm 1.0\%$$

$$\gamma_{U_2} = (\Delta U_2/U_2) \times 100\% = (\pm 5/250) \times 100\% = \pm 2.0\%$$

$$\gamma_{U_3} = (\Delta U_3/U_3) \times 100\% = (\pm 5/100) \times 100\% = \pm 5.0\%$$

由上例不难看出:测量仪表产生的示值测量误差 γ_{x} 不仅与所选仪表等级指数 a 有关,而且与所选仪表的量程有关。量程 A_{m} 和测量值 A_{x} 相差愈小,测量准确度愈高。所以,在选择仪表量程时,测量值应尽可能接近仪表满刻度值,一般不小于满刻度值的 2/3。这样,测量结果的相对误差将不会超过仪表准确度等级指数百分数的 1.5 倍。这一结论只适合于以标度尺上量限的百分数划分仪表准确度等级的一类仪表,如电流表、电压表、功率表,而对于测量电阻的普通型电阻表是不适合的,因为电阻表的准确度等级是以标度尺长度的百分数划分的。可以证明电阻表的示值接近其中电阻值时,测量误差最小,准确度最高。

(4)容许误差

容许误差是指测量仪器在使用条件下可能产生的最大误差范围,它是衡量测量仪器质量的最重要的指标。测量仪器的准确度、稳定度等指标都可用容许误差来表征。按 SJ943-82《电子仪器误差的一般规定》的规定,容许误差可用工作误差、固有误差、影响误差、稳定性误差来描述。

① 工作误差。工作误差是在额定工作条件下仪器误差极限值,即来自仪器外部的各种影响量和仪器内部的影响特性为任意可能的组合时,仪器误差可能达到的最大极限值。这种表示方式的优点是使用方便,即可利用工作误差直接估计测量结果误差的最大范围。不足的是由于工作误差是在最不利的组合条件下给出的,而在实际测量中最不利组合的可能性极小,所以,由工作误差估计的测量误差一般偏大。

② 固有误差。固有误差是当仪器的各种影响量和影响特性处于基准条件下仪器所具有的误差。由于基准条件比较严格,所以固有误差可以更准确地反映仪器所固有的性能,便于在相同条件下对同类仪器进行对比和校准。

③ 影响误差。影响误差是当一个影响量处在额定使用范围内,而其他所有影响量处在基准条件时仪器所具有的误差,如频率误差、温度误差等。

④ 稳定性误差。稳定性误差是在其他影响量和影响特性保持不变的情况下,在规定的时间内,仪器输出的最大值或最小值与其标称值的偏差。

容许误差通常用绝对误差表示。测量仪表的各刻度值的绝对误差有明显的特征:其一,存在与示值 A_{x} 无关的固定值,当被测量为零时可以发现它;其二,绝对误差随示值 A_{x} 线性增大。因此其具体表示方法有以下 3 种可供选择。

$$\Delta = \pm(A_x a\% + A_m \beta\%) \tag{2-10}$$

$$\Delta = \pm(A_x a\% + n \text{个字}) \tag{2-11}$$

$$\Delta = \pm(A_x a\% + A_m \beta\% + n \text{个字}) \tag{2-12}$$

式中，A_x——测量值或示值；

A_m——量限或量程值；

a——误差的相对项系数；

β——固定项系数。

式（2-11）、（2-12）主要用于数字仪表的误差表示，"n个字"所表示的误差值是数字仪表在给定量限下分辨力的 n 倍，即末位一个字所代表的被测量量值的 n 倍。显然，这个值与数字仪表的量限和显示位数密切相关，量限不同，显示位数不同，"n个字"所表示的误差值不同。例如，某 4 位数字电压表，当 n 为 4，在 1V 量限时，"n个字"表示的电压误差是 4 mV，而在 10 V 量限时，"n个字"表示的电压误差是 40 mV。通常仪器准确度等级指数由 a 与 β 之和来决定，即 $a = a + \beta$。

2. 测量误差的分类

根据误差的性质，测量误差可分为系统误差、随机误差和疏失误差 3 类。

（1）系统误差

在相同条件下，多次测量同一个量值时，误差的绝对值和符号保持不变，或在条件改变时，按一定规律变化的误差称为系统误差。产生这种误差的原因有以下几点。

① 测量仪器设计原理不完善及制作上有缺陷。如刻度的偏差，刻度盘或指针安装偏心，使用时零点偏移，安放位置不当等。

② 测量时的实际温度、湿度及电源电压等环境条件与仪器要求的条件不一致等。

③ 测量方法不正确。

④ 测量人员估计读数时，习惯偏于某一方向或有滞后倾向等原因所引起的误差。

对于在条件改变时，仍然按一个确定规律变化的误差也是系统误差。

值得指出的是，被测量通过直接测量的数据再用理论公式推算出来时，其误差也属于系统误差。例如用平均值表示测量非正弦电压进行波形换算时的定度系数为

$$K_a = \frac{\pi}{2\sqrt{2}} \approx 1.11 \tag{2-13}$$

式中，π 与 $\sqrt{2}$ 均为无理数，所取的 1.11 是一个近似数，由它计算出来的结果显然是一个近似值。因为它是由间接的计算造成的，用提高测量准确度或多次测量取平均值的方法均无效，只有用修正理论公式的方法来消除它，这是它的特殊性。但是，因为它产生的误差是有规律的，所以一般也把它归到系统误差范畴内。

系统误差的特点是，测量条件一经确定，误差就是一个确定的数值。用多次测量取平均值的方法，并不能改变误差的大小。系统误差产生的原因是多方面的，但它是有规律的误差。针对其产生的根源采取一定的技术措施，可减小它的影响。例如，仪器不准时，通过校验取得修正值，即可减小系统误差。

（2）随机误差（偶然误差）

在相同条件下，多次重复测量同一个量值时，误差的绝对值和符号均以不可预定方式变化的误差称为随机误差。产生这种误差的原因有以下几点。

① 测量仪器中零部件配合的不稳定或有摩擦，仪器内部器件产生噪声等。

② 温度及电源电压的频繁波动，电磁场干扰，地基振动等。

③ 测量人员感觉器官的无规则变化，读数不稳定等原因所引起的误差均可造成随机误差，使测量值产生上下起伏的变化。

就一次测量而言，随机误差没有规律，不可预测。但是当测量次数足够多时，其总体服从统计的规律，多数情况下接近于正态分布。

随机误差的特点是，在多次测量中误差绝对值的波动有一定的界限，即具有有界性；正负误差出现的概率相同，即具有对称性。

根据以上特点，可以通过对多次测量的值取算术平均值的方法来消弱随机误差对测量结果的影响。因此，对于随机误差可以用数理统计的方法来处理。

（3）疏失误差（粗大误差）

在一定的测量条件下，测量值明显地偏离被测量的真值所形成的误差称为疏失误差。产生这种误差的原因有以下几点。

① 一般情况下，它不是仪器、仪表本身所固有的，主要是由于测量过程中的疏忽大意造成的。例如测量者身体过于疲劳，缺乏经验，操作不当或工作责任心不强等原因造成读错刻度、记错读数或计算错误。这是产生疏失误差的主观原因。

② 由于测量条件的突然变化，如电源电压、机械冲击等引起仪器示值的改变。这是产生疏失误差的客观原因。含有疏失误差的测量数据是对被测量的歪曲，称为坏值，一经确认应当剔除不用。

3. 系统误差的消除

对于测量者，要善于找出产生系统误差的原因并采取相应的有效措施以减小误差的有害作用。它与测量对象，测量方法，仪器、仪表的选择以及测量人员的实践经验密切相关。下面介绍几种常用的减小系统误差的方法。

（1）从产生系统误差的原因采取措施

接受一项测量任务后，首先要研究被测对象的特点，选择合适的测量方法和测量仪器、仪表，并合理选择所用仪表的精度等级和量程上限；选择符合仪表标准工作条件的测量工作环境（如温度、湿度、大气压、交流电源电压、电源频率、振动、电磁场干扰等），必要时可采用稳压、恒温、恒湿、散热、防振和屏蔽接地等措施。

测量时应提高测量技术水平，增强工作人员的责任心，克服由主观原因所造成的误差。为避免读数或记录出错，必要时可用数字仪表代替指针式仪表，用打印代替人工抄写等。

总之，在测量操作之前，尽量消除产生误差的根源，从而减小系统误差的影响。

（2）利用修正的方法来消除

利用修正的方法是消除或减弱系统误差的常用方法，该方法在智能化仪表中得到了广泛应用。所谓修正的方法就是在测量前或测量过程中，求取某类系统误差的修正值，而在测量的数据处理过程中手动或自动地将测量读数或结果与修正值相加，于是，就从测量读数或结果中消除或减弱了该类系统误差。若用 C 表示某类系统误差的修正值，用 A_x 表示测量读数或结果，则不含该类系统误差的测量读数或结果 A 可用下式表示。

$$A = A_x + C \tag{2-14}$$

修正值的求取有以下 3 种途径。

① 从有关资料中查取。如仪器、仪表的修正值可从该表的检定证书中获取。

② 通过理论推导求取。如指针式电流表、电压表内阻不够小或不够大引起方法误差的修正值可由下式表示。

$$C_{A} = \frac{R_{A}}{R_{ab}} I_{x} \qquad (2\text{-}15)$$

$$C_{V} = \frac{R_{ab}}{R_{V}} U_{x} \qquad (2\text{-}16)$$

式中，C_A、C_V——电流表、电压表读数的修正值；

$\quad\quad R_A$、R_V——电流表、电压表量程对应的内阻；

$\quad\quad R_{ab}$——被测网络的等效含源支路的入端电阻；

$\quad\quad I_x$、U_x——电流表、电压表的读数。

通过实验求取对影响测量读数（结果）的各种影响因素，如温度、湿度、频率、电源电压等变化引起的系统误差，可通过实验作出相应的修正曲线或表格，供测量时使用。对不断变化的系统的系统误差，如仪器的零点误差、增益误差等可采取边测量、边修正的方法解决。智能化仪表中采用的三步测量、实时校准均缘于此法。

（3）利用特殊的测量方法消除

系统误差的特点是大小、方向恒定不变，具有可预见性，所以可用特殊的测量方法消除。

① 替代法。替代法是比较测量法的一种，它是先将被测量 A_x 接在测量装置上，调节测量装置处于某一状态，然后用与被测量相同的同类标准量 A_N 替代 A_x，调节标准量 A_N，使测量装置恢复原状态，则被测量等于调整后的标准量，即 $A_x = A_N$。例如在电桥上用替代法测电阻，先把被测电阻 R_x 接入电桥，调节电桥比例臂 R_1、R_2 和比较臂 R_3，使电桥平衡，则 $R_x = (R_1/R_2) \times R_3$。

显然桥臂参数的误差会影响测量结果。若以标准量电阻 R_N 代替被测 R_x 接入电桥，调节 R_N 使电桥重新平衡，则 $R_N = (R_1/R_2) \times R_3$。

显然 $R_x = R_N$，且桥臂参数的误差不影响测量结果，R_x 仅取决于 R_N 的准确度等级。

可见替代法的特点是测量装置的误差不影响测量结果，但测量装置要求必须具有一定的稳定性和灵敏度。

② 交换法。当某种因素可能使测量结果产生单一方向的系统误差时，可利用交换位置或改变测量方向等方法，测量两次，并对两次的测量结果取平均值，即可大大减弱甚至抵消由此引起的系统误差。例如用电流表测量某电流时，可将电流表放置位置旋转 180° 再测，取两次测量结果的平均值，即可减弱或消除外磁场引起的系统误差。

③ 抵消法（正负误差补偿法）。这种方法要求进行两次测量，改变测量中某一条件，如测量方向，使两次测量结果中的误差大小相等，符号相反，取两次测量值的平均值作为测量结果，即可消除系统误差。

例如，用电流表测电流时，因为恒定外磁场的影响使仪表读数一次偏大，一次偏小，可以将电流表的位置旋转 180° 再测一次，取两次读数的平均值作为测量结果。

此外，减小系统误差的方法还有很多，只要事先仔细研究，判断系统误差的属性，适当选择测量方法就能部分或大体上消除系统误差。

2.3　触电与安全用电

随着现代科学技术的飞速发展，种类繁多的家用电器和电气设备被广泛应用于人类的生产和生活当中。电给人类带来了极大的便利，但电是一种看不见、摸不着的物质，只能用仪表测量，因此，在使用电的过程中，存在着许多不安全用电的问题。如果使用不合理、安装不恰当、维修不及时或违反操作规程，都会带来不良甚至极为严重的后果。因此，了解安全用电十分重要。

2.3.1 触电定义及分类

当人体某一部位接触了低压带电体或接近、接触了高压带电体，人体便成为一个通电的导体，电流流过人体，称为触电。触电对人体是会产生伤害的，按伤害的程度可将触电分为电击和电伤两种。

电击是指人体接触带电后，电流使人体的内部器官受到伤害。触电时，肌肉发生收缩，如果触电者不能迅速摆脱带电体，电流持续通过人体，最后因神经系统受到损害，使心脏和呼吸器官停止工作而导致死亡。这是最危险的触电事故，是造成触电死亡的主要原因，也是经常遇到的一种伤害。电伤是指电对人体外部造成的局部伤害，如电弧灼伤、电烙印、熔化的金属沫溅到皮肤造成的伤害，严重时也可导致死亡。

（1）触电电流

人触电时，人体的伤害程度与通过人体的电流大小、频率、时间长短、触电部位以及触电者的生理素质等情况有关。通常，低频电流对人体的伤害高于高频电流，而电流通过心脏和中枢神经系统最危险。具体电流的大小对人体的伤害程度可参见表 2-1。

表 2-1　　　　　　　　　　　　　　电流的大小对人体的影响

交流电流/mA	对人体的影响
0.6～1.5	手指有些微麻刺的感觉
2～3	手指有强烈麻刺的感觉
3～7	手部肌肉痉挛
8～10	难以摆脱电源，手部有剧痛感
30～25	手麻痹，不能摆脱电源，全身剧痛、呼吸困难
50～80	呼吸麻痹、心脑震颤
90～100	呼吸麻痹，如果持续 3s 以上，心脏就会停止跳动

（2）安全电压

人体电阻通常在 $1\sim100$ kΩ 之间，在潮湿及出汗的情况下会降至 800Ω 左右。接触 36 V 以下电压时，通过人体电流一般不超过 50 mA。因此，我国规定安全生产电压的等级为 36 V、24 V、12 V、6V。一般情况，安全电压规定为 36 V；在潮湿及地面能导电的厂房，安全电压规定为 24 V；在潮湿、多导电尘埃、金属容器内等工作环境中，安全电压规定为 12 V；而在环境十分恶劣的条件下，安全电压规定为 6V。

2.3.2 常见的触电方式

常见的触电方式可分为单线触电、双线触电和跨步触电 3 种。

（1）单线触电

当人体的某一部位碰到相线（俗称火线）或绝缘性能不好的电气设备外壳时，由相线经人体流入大地的触电，称为单线触电（或称单相触电），如图 2-2、图 2-3 所示。因现在广泛采用三相四线制供电，且中性线（俗称零线）一般都接地，所以发生单线触电的机会也最多。此时人体承受的电压是相电压，在低压动力线路中为 220 V。

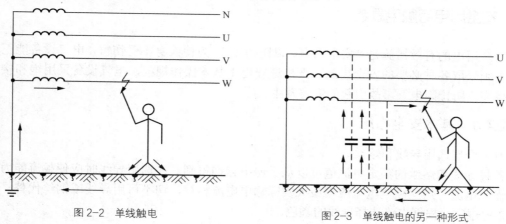

图 2-2 单线触电   图 2-3 单线触电的另一种形式

（2）双线触电

如图 2-4 所示，当人体的不同部位分别接触到同一电源的两根不同相位的相线，电流由一根相线流经人体流到另一根相线的触电，称为双线触电（或称双相触电）。人体承受的电压是线电压，在低压动力线路中为 380 V，此时通过人体的电流将更大，而且电流的大部分经过心脏，所以比单线触电更危险。

（3）跨步触电

高压电线接触地面时，电流在接地点周围 1 520 m 的范围内将产生电压降。当人体接近此区域时，两脚之间承受一定的电压，此电压称为跨步电压。由跨步电压引起的触电称为跨步电压触电，简称跨步触电，如图 2-5 所示。

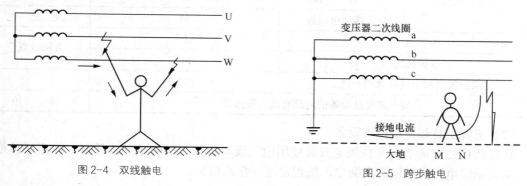

图 2-4 双线触电   图 2-5 跨步触电

跨步电压一般发生在高压设备附近，人体离接地体越近，跨步电压越大。因此在遇到高压设备时应慎重对待，避免受到电击。

2.3.3 常见触电的原因

常见触电的原因有很多，主要有以下几种原因。

① 违章作业，不遵守有关安全操作规程和电气设备安装及检修规程等规章制度。

② 误接触到裸露的带电导体。

③ 接触到因接地线断路而使金属外壳带电的电气设备。

④ 偶然性事故，如电线断落触及人体。

2.4 安全用电与触电急救

安全用电的有效措施是"安全用电、以防为主"。为使人身不受伤害，电气设备能正常运行，必须采取各种必要的安全措施，严格遵守电工基本操作规程，电气设备采用饱和接地或保护接零，防止因电气事故引起的灾害发生。

2.4.1 基本安全措施

（1）合理选用导线和熔丝

各种导线和熔丝的额定电流值可以从手册中查询得到。在选用导线时应使载流能力大于实际输电电流。熔丝额定电流应与最大实际输电电流相符，切不可用导线或铜丝代替。并按表 2-2 中规定，根据电路选择导线的颜色。

表 2-2   特定导线的标记和规定

电路及导线名称		标　记		颜　色
		电源导线	电器端子	
交流三相电路	1 相	L1	U	黄　色
	2 相	L2	V	绿　色
	3 相	L3	W	红　色
中 性 线		N		淡 蓝 色
直 流 电 路	正　极	L+		棕　色
	负　极	L−		蓝　色
	接地中间线	M		淡 蓝 色
接 地 线		E		黄和绿双色
保护接地线		PE		
保护接地和中性线共用一线		PEN		
整个装置及设备的内部布线一般推荐				黑　色

（2）正确安装和使用电气设备

认真阅读使用说明书，按规定安装使用电气设备。如严禁带电部分外露，注意保护绝缘层，防止绝缘电阻降低而产生漏电，按规定进行接地保护。

（3）开关必须接相线

单相电器的开关应接在相线上，切不可接在中性线上，以便在开关关断状态下维修和更换电器，从而减少触电的可能。

（4）合理选择照明灯电压

在不同的环境下按规定选用安全电压。在工矿企业一般机床照明灯电压为 36 V，移动灯具等电源的电压为 24 V，特殊环境下照明灯电压还有 12 V 或 6V。

（5）防止跨步触电

应远离落在地面上的高压线至少 8～10 m，不得随意触摸高压电气设备。

另外，在选用用电设备时，必须先考虑带有隔离、绝缘、防护接地、安全电压或防护切断等防范措施的用电设备。

2.4.2　安全操作

（1）停电工作的安全常识

停电工作是指用电设备或线路在不带电情况下进行的电气操作。为保证停电后的安全操作，应按以下步骤操作。

① 检查是否断开所有的电源。在停电操作时，为保证安全切断电源，使电源至作业的设备或线路有两个以上的明显断开点。对于多回路的用电设备或线路，还要注意从低压侧向被作业设备的倒送电。

② 进行操作前的验电。操作前，使用电压登记合适的验电器（笔），对被操作的电气设备或线路进出两侧分别验电。验电时，手不得触及验电器（笔）的金属带电部分，确认无电后，方可进行工作。

③ 悬挂警告牌。在断开的开关或刀闸操作手柄上应悬挂"禁止合闸、有人工作"的警告牌，必要时加锁固定。对多回路的线路，更要防止突然来电。

④ 挂接接地线。在检修交流线路中的设备或部分线路时，对于可能送电的地方都要安装携带型临时接地线。装接接地线时，必须做到"先接接地端，后接设备或线路导体端，接触必须良好"。拆卸接地线的程序与装接接地线的步骤相反，接地线须采用多股软裸铜导线，其截面积不小于 $25\,mm^2$。

（2）带电工作的安全常识

如果因特殊情况必须在用电设备或线路上带电工作时，应按照带电操作安全规定进行。

① 在用电设备或线路上带电工作时，应由有经验的电工专人监护。

② 电工工作时，应注意穿长袖工作服，佩戴安全帽，防护手套和相关的防护用品。

③ 使用绝缘安全用具操作。在移动带电设备的操作（接线）时，应先接负载，后接电源，拆线时则顺序相反。

④ 电工带电操作时间不宜过长，以免因疲劳过度，注意力分散而发生事故。

（3）设备运行管理常识

① 出现故障的用电设备和线路不能继续使用，必须及时进行检修。

② 用电设备不能受潮，要有防潮的措施，且通风条件良好。

③ 用电设备的金属外壳必须有可靠的保护接地装置。凡有可能遭雷击的用电设备，都要安装防雷装置。

④ 必须严格遵守电气设备操作规程。合上电源时，应先合电源侧开关，再合负载侧开关；断开电源时，应先断开负载侧开关，再断开电源侧开关。

2.4.3　接地与接零

触电的原因可能是人体直接接触带电体，也可能是人体触及漏电设备所造成的，大多数事故发生在后者。为确保人身安全，防止这类触电事故的发生，必须采取一定的防范措施。

接地的主要作用是保证人身和设备的安全。根据接地的目的和工作原理，可分为工作接地、保护接地、保护接零、重复接地。此外，还有电压接地、静电接地、隔离接地（屏蔽接地）和共同接地等。

（1）保护接地

这里的"地"是指电气上的"地"（电位近似为零）。在中性点不接地的低压（1 kV 以下）供电系统中，将电气设备的金属外壳或构架与接地体良好的连接，这种保护方式称为保护接地。通常接地体是钢管或角铁，接地电阻不允许超过 4Ω。当人体触及漏电设备的外壳时，漏电流自外壳经接地电阻 R_{PE} 与人体电阻 R_p 的并联分流后流入大地，因 $R_p \gg R_{PE}$，所以流经人体的电流非常小。接地电阻愈小，流经人体的电流越小，越安全。

（2）保护接零

在中性点已接地的三相四线制供电系统中，把电气设备的金属外壳或构架与电网中性线（零线）相连接，这种保护方式称为保护接零。当电气设备电线一相发生漏电时，该相就通过金属外壳与接零线形成单相短路，此短路电流足以使线路上的保护装置迅速动作，切断故障设备的电源，消除了人体触及外壳时的触电危险。

实施保护接零时，应注意以下几点。

① 中性点未接地的供电系统，绝不允许采用接零保护。因为此时接零不但不起任何保护作用，在电器发生漏电时，反而会使所有接在中性线上的电气设备的金属外壳带电，导致触电。

② 单相电器的接零线不允许加接开关、断路器等。否则，若中性线断开或熔断器的熔丝熔断，即使不漏电的设备，其外壳也将存在相电压，造成触电危险。确实需要在中性线上接熔断器或开关，则可用作工作零线，但绝不允许再用于保护接零，保护线必须在电网的零干线上直接引向电器的接零端。

③ 在同一供电系统中，不允许设备接地和接零并存。因为此时若接地设备产生漏电，而漏电流不足以切断电源，就会使电网中性线的电位升高，而接零电器的外壳与中性线等电位，人若触及接零电气设备的外壳，就会触电。

低压电网接地系统符号的含义如下。

第一个字母表示低压电源系统可接地点对地的关系。

T 表示直接接地；I 表示不接地（所有带电部分与大地绝缘）或经人工中性点接地。

第二个字母表示电气装置的外露可导电部分对地的关系。

T 表示直接接地，与低压供电系统的接地无关；N 表示与低压供电系统的接地点进行连接。

后面的字母表示中性线与保护线的组合情况。

S 表示分开的；C 表示公用的；C-S 表示部分是公共的。

① TN 系统。电源系统有一点直接接地，电气装置的外露可导电部分通过保护线（导体）接到此接地点上。

② TT 系统。电网接地点与电气装置的外露可导电部分分别直接接地。

③ IT 系统。电源系统可接地点不接地或通过电阻器（或电抗器）接地，电气装置的外露可导电部分单独直接接地。

2.4.4　触电急救

触电急救的基本原则是动作迅速、救护得法，切不要惊慌失措、束手无策。当发现有人触电时，必须使触电者迅速脱离电源，然后根据触电者的具体情况，进行相应的现场救护。

1. **脱离电源的方法**

① 拉断电源开关或刀闸开关。

② 拨去电源插头或熔断器的插芯。

③ 用电工钳或有干燥木柄的斧子、铁锹等切断电源线。

④ 用干燥的木棒、竹竿、塑料杆、皮带等不导电的物品拉或挑开导线。

⑤ 救护者可带绝缘手套或站在绝缘物上用手拉触电者脱离电源。

以上通常用于脱离额定电压 500 V 以下的低压电源，可根据具体情况选择。若发生高压触电，应立即告知有关部门停电。紧急时可抛掷裸金属软导线，造成线路短路，迫使保护装置动作以切断电源。

2. 触电救护

触电者脱离电源后，应立即进行现场紧急救护，触电者受伤不太严重时，应保持空气畅通，解开衣服以利呼吸，静卧休息，勿走动，同时请医生或送医院诊。触电者失去知觉，呼吸和心跳不正常，甚至出现无呼吸、心脏停跳的假死现象时，应立即进行人工呼吸和胸外挤压。此工作应做到："医生来前不等待，送医途中不中断"，否则伤者可能会很快死亡。具体方法如下。

① 口对口人工呼吸法。适用于无呼吸、有心跳的触电者。病人仰卧在平地上，鼻孔朝天，头后仰。首先清理口鼻腔，然后松扣、解衣，捏鼻吹气。吹气要适量，排气应口鼻通畅。吹 2s、停 3s，每 5s 一次。

② 胸外挤压法。适用于有呼吸、无心跳的触电者。病人仰卧在硬地上，然后松扣、解衣，手掌根用力下按，压力要轻重适当，慢慢下压，突然放开，1s 一次。

对既无呼吸，也无心跳的触电者应两种方法并用。先吹气 2 次，再做胸外挤压 15 次，以后交替进行。

实验一　直流发电机

一、实验目的

（1）掌握用实验方法测定直流发电机的各种运行特性，并根据所测得的运行特性评定该被测电机的有关性能。

（2）通过实验观察并励发电机的自励过程和自励条件。

二、预习要点

（1）什么是发电机的运行特性？在求取直流发电机的特性曲线时，哪些物理量应保持不变，哪些物理量应测取？

（2）做空载特性实验时，励磁电流为什么必须保持单方向调节？

（3）并励发电机的自励条件有哪些？当发电机不能自励时应如何处理？

（4）如何确定复励发电机是积复励还是差复励？

三、实验项目

（1）他励发电机实验

① 测空载特性。保持 $n = n_N$ 使 $I_L = 0$，测取 $U_0 = f(I_f)$。

② 测外特性。保持 $n = n_N$ 使 $I_f = I_{fN}$，测取 $U = f(I_L)$。

③ 测调节特性。保持 $n = n_N$ 使 $U = U_N$，测取 $I_f = f(I_L)$。

（2）并励发电机实验

① 观察自励过程。

② 测外特性。保持 $n = n_N$ 使 $R_{f2} =$ 常数，测取 $U = f(I_L)$。

（3）复励发电机实验

积复励发电机外特性。保持 $n = n_N$ 使 $R_{f2} =$ 常数，测取 $U = f(I_L)$。

四、实验设备

实验设备如表 3-1 所示。

表 3-1　　　　　　　　　　　　　　　　实验设备

序　号	型　号	名　　称	数　量
1	DD03-4	涡流测功机导轨	1 台

续表

序 号	型 号	名 称	数 量
2	DJ23	直流电动机	1 台
3	DJ13	直流复励发电机	1 台
4	D31	直流数字电压、毫安、安培表	2 件
5	D41	可调电阻器、电容器	1 件
6	D51	波形测试及开关板	1 件
7	D42	三相可调电阻器	1 件

五、实验内容、方法及步骤

1. 他励直流发电机

按图 3-1 所示接线。图中直流发电机 G 选用 DJ13,其额定值 $P_N = 100W$,$U_N = 200V$,$I_N = 0.5A$,$n_N = 1600r/min$。直流电动机 DJ23 作为 G 的原动机(按他励电动机接线)。涡流测功机、发电机及直流电动机由联轴器同轴连接。开关 S 选用 D51 组件上的双刀双掷开关。R_{f1} 选用 D42 的 1 800Ω 变阻器,R_{f2} 选用 D42 的 900Ω 变阻器,并采用分压器接法。R_1 选用 D41 的 180Ω 变阻器。R_2 为发电机的负载电阻选用 D42 上的 1 800Ω 与 4 个 D41 上的 90Ω 电阻串联共 2 160Ω。先调节 1 800Ω 电阻,当负载电流大于 0.4A 时,将 1 800Ω 电阻用导线短接。直流电流表、电压表选用 D31,并选择合适的量程。

（1）测空载特性

① 首先,将涡流测功机控制箱上的突减载开关拨至上端位置或将给定调节旋钮逆时针旋转到底,涡流测功机不加载。然后打开发电机 G 的负载开关 S,接通控制屏上的励磁电源开关,将 R_{f2} 调至使 G 励磁电流最小的位置。

② 使电动机 M 电枢串联启动电阻 R_1 阻值最大,励磁绕组串联电阻 R_{f1} 阻值调至最小。仍先接通控制屏下方左边的励磁电源开关,在观察到直流电动机 M 的励磁电流为最大的条件下,再接通控制屏下方右边的电枢电源开关,接通电枢电源,启动直流电动机 M,其旋转方向应符合正向旋转的要求。

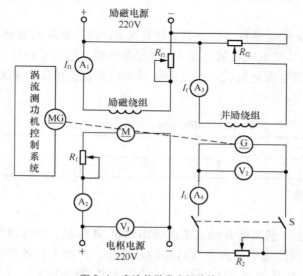

图 3-1 直流他励发电机接线图

③ 直流电动机 M 启动正常运转后，将 M 电枢串联电阻 R_1 调至最小值，使 M 的电枢端电压调为 220V，调节电动机磁场调节电阻 R_{f1}，使发电机转速达额定值。

④ 调节发电机励磁分压电阻 R_{f2}，使发电机空载电压达 $U_0 = 1.2U_N$ 为止。

⑤ 在保持 $n = n_N = 1\,600\text{r/min}$ 不变的条件下，从 $U_0 = 1.2U_N$ 开始，单方向调节分压器电阻 R_{f2} 使发电机励磁电流逐次减小，每次测取发电机的空载电压 U_0 和励磁电流 I_f，直至 $I_f = 0$（此时测得的电压即为电机的剩磁电压）。

⑥ 测取数据时 $U_0 = U_N$ 和 $I_f = 0$ 两点必测，并在 $U_0 = U_N$ 附近测点应较密。

⑦ 共测取 7～8 组数据，记录于表 3-2 中。

表 3-2 $n = n_N = 1\,600\text{r/min}$，$I_L = 0$

U_0（V）								
I_f（mA）								

（2）测外特性

① 把发电机负载电阻 R_2 调到最大值，合上负载开关 S。

② 同时调节电动机的磁场调节电阻 R_{f1}，发电机的分压电阻 R_{f2} 和负载电阻 R_2 使发电机的 $I_L = I_N$，$U = U_N$，$n = n_N$，该点为发电机的额定运行点，此时的励磁电流称为额定励磁电流 I_{fN}，记录该组数据。

③ 在保持 $n = n_N$ 和 $I_f = I_{fN}$ 不变的条件下，逐次增加负载电阻 R_2，即减小发电机负载电流 I_L，从额定负载到空载运行点范围内，每次测取发电机的电压 U 和电流 I_L，直到空载（断开开关 S，此时 $I_L = 0$），共取 6～7 组数据，记录于表 3-3 中。

表 3-3 $n = n_N = 1\,600\text{r/min}$，$I_f = I_{fN} = \underline{\qquad}\text{mA}$

U（V）						
I_L（A）						

（3）测调整特性

① 调节发电机的分压电阻 R_{f2}，保持 $n = n_N$，使发电机达到空载状态，并使输出电压为额定电压。

② 在保持发电机 $n = n_N$ 条件下，合上负载开关 S，调节负载电阻 R_2，逐次增加发电机输出电流 I_L，同时相应调节发电机励磁电流 I_f，使发电机端电压保持额定值 $U = U_N$。

③ 从发电机的空载至额定负载范围内测取发电机的输出电流 I_L 和励磁电流 I_f，共取 5～6 组数据记录于表 3-4 中。

表 3-4 $n = n_N = 1\,600\text{r/min}$，$U = U_N = \underline{\qquad}\text{V}$

I_L（A）						
I_f（mA）						

2．并励发电机实验

（1）观察自励过程

① 先切断电枢电源，然后断开励磁电源使电动机 M 停机，同时将启动电阻 R_1 调回最大值，磁场调节电阻 R_{f1} 调到最小值为下次启动做好准备。在断电的条件下将发电机 G 的励磁方式从他励改为并励，接线如图 3-2 所示。R_{f2} 选用 D42 的 900Ω 电阻两只相串联共 1\,800Ω

阻值并调至最大，打开开关 S。

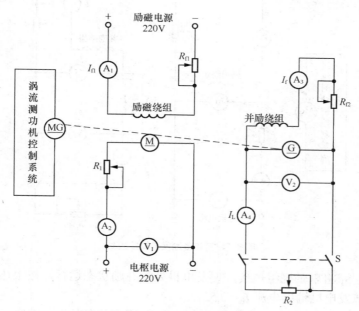

图 3-2　直流并励发电机接线图

② 先接通励磁电源，然后启动电枢电源，使电动机启动。调节电动机的转速，使发电机的转速 $n = n_N$，用直流电压表测量发电机是否有剩磁电压，若无剩磁电压，可将并励绕组改接成他励方式进行充磁。

③ 合上开关 S 逐渐减小 R_{f2}，观察发电机电枢两端的电压，若电压逐渐上升，说明满足自励条件。如果不能自励建立电压，将励磁回路的两个插头对调即可。

④ 对应着一定的励磁电阻，逐步降低发电机转速，使发电机电压随之下降，直至电压不能建立，此时的转速即为临界转速。

（2）测外特性

① 按图 3-2 所示接线。调节负载电阻 R_2 到最大，合上负载开关 S。

② 调节电动机的磁场调节电阻 R_{f1}、发电机的磁场调节电阻 R_{f2} 和负载电阻 R_2，使发电机的转速、输出电压和电流三者均达额定值，即 $n = n_N$，$U = U_N$，$I_L = I_N$。记录此时的励磁电流 I_f 值，即为额定励磁电流 I_{fN}。

③ 保持额定值时 R_{f2} 的阻值不变，$n = n_N$ 不变，逐次减小负载，直至 $I_L = 0$，从额定到空载运行范围内每次测取发电机的电压 U 和电流 I_L。

④ 共取 6～7 组数据，记录于表 3-5 中。

表 3-5　　　　　　　　　　　$n = n_N = 1\,600\text{r/min}$，$R_{f2} = $常数

U（V）						
I_L（A）						

3. 复励发电机实验

（1）积复励和差复励的判别

① 接线如图 3-3 所示，R_{f2} 选用 D42 的 1 800Ω 阻值。C_1、C_2 为串励绕组。

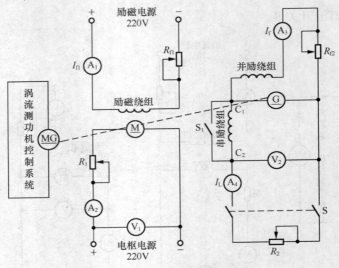

图 3-3　直流复励发电机接线图

② 合上开关 S_1 将串励绕组短接，使发电机处于并励状态运行，按上述并励发电机外特性试验方法，调节发电机输出电流 $I_L = 0.5 I_N$。

③ 打开短路开关 S_1，在保持发电机 n、R_{f2} 和 R_2 不变的条件下，观察发电机端电压的变化，若此时电压升高即为积复励，若电压降低则为差复励。

④ 如果想改变励磁方式（积复励、差复励）只要对调串励绕组接线插头 C_1、C_2 即可。

（2）积复励发电机的外特性

① 实验方法与测取并励发电机的外特性相同。先将发电机调到额定运行点，$n = n_N$，$U = U_N$，$I_L = I_N$。记录此时的励磁电流 I_f 值，即为额定励磁电流 I_{fN}。

② 保持额定值时 R_{f2} 的阻值不变，逐次减小发电机负载电流，直至 $I_L = 0$。

③ 从额定负载到空载范围内，每次测取发电机的电压 U 和电流 I_L，共取 6～7 组数据，记录于表 3-6 中。

表 3-6　　　　　　　　　　　　$n = n_N = 1\,600$ r/min，$R_{f2} =$ 常数

U（V）						
I_L（A）						

六、注意事项

（1）直流电动机 M 启动时，要注意须将 R_1 调到最大，R_{f1} 调到最小，先接通励磁电源，观察到励磁电流 I_{f1} 为最大后，再接通电枢电源，使 M 启动运转。启动完毕，应将 R_1 调到最小。

（2）做外特性时，当电流超过 0.4A 时，R_2 中串联的电阻调至零并用导线短接，以免电流过大引起变阻器损坏。

（3）做空载特性时涡流测功机不加载。

七、实验报告

（1）根据空载实验数据，作出空载特性曲线，由空载特性曲线计算出被测试电机的饱和

系数和剩磁电压的百分数。

（2）在同一坐标纸上绘出他励、并励和复励发电机的 3 条外特性曲线，分别算出 3 种励磁方式的电压变化率：$\Delta U\% = \dfrac{U_0 - U_N}{U_N} 100\%$，并分析差异原因。

（3）绘出他励发电机调整特性曲线，分析在发电机转速不变的条件下，为什么负载增加时，要保持端电压不变？必须增加励磁电流的原因是什么？

八、思考题

（1）并励发电机不能建立电压有哪些原因？

（2）在发电机—电动机组成的机组中，当发电机负载增加时，为什么机组的转速会变低？为了保持发电机的转速 $n = n_N$，应如何调节？

实验二　直流电动机

一、实验目的

（1）掌握用实验方法测取直流并励电动机的工作特性和机械特性。

（2）掌握直流并励电动机的调速方法。

（3）用实验方法测取串励电动机工作特性和机械特性。

（4）了解串励电动机启动、调速及改变转向的方法。

二、预习要点

（1）什么是直流电动机的工作特性和机械特性？

（2）直流电动机调速原理是什么？

（3）串励电动机与并励电动机的工作特性有何差别？串励电动机的转速变化率是怎样定义的？

（4）串励电动机的调速方法及其注意问题？

三、实验项目

（1）并励电动机的工作特性和机械特性。

（2）并励电动机的调速特性。

① 改变电枢电压调速。

② 改变励磁电流调速。

③ 观察能耗制动过程。

（3）串励电动机的工作特性和机械特性。

（4）串励电动机的人为机械特性。

（5）串励电动机的调速特性。

① 电枢回路串电阻调速。

② 磁场绕组并联电阻调速。

四、实验设备

实验设备如表 3-7 所示。

表 3-7 实验设备

序　号	型　号	名　　称	数　量
1	DD03-4	涡流测功机导轨	1 台
2	D55-4	涡流测功机控制箱	1 件
3	DJ15	直流并励电动机	1 台
4	DJ14	直流串励电动机	1 台
5	D31	直流数字电压、毫安、安培表	1 件
6	D41	可调电阻器	1 件
7	D42	可调电阻器	1 件
8	D51	波形测试及开关板	1 件

五、实验内容、方法及步骤

（1）并励电动机的工作特性和机械特性

① 按图 3-4 所示接线。直流并励电动机与涡流测功机同轴连接，涡流测功机用于测量电动机的转速、转矩和输出功率。R_{f1} 选用 D42 的 900Ω 阻值，按分压法接线。R_1 用 D41 的 180Ω 阻值。电表 A_1 选用 D31 的毫安表，A_2 选用 D31 的安培表，V_1 选用 D31 的直流电压表。

② 首先将涡流测功机给定调节旋钮逆时针旋转到底，然后将涡流测功机的"控制切换"开关拨至转矩控制位置，按下涡流测功机控制箱的调零按钮。将电枢串联电阻调至最大位置，调节电枢电源的调节旋钮使其输出电压最小，打开电枢电源开关接通电枢电源，调节励磁电阻 R_{f1} 使励磁电流 I_f 为最大的位置。电动机旋转方向应符合转速表正向旋转的要求。

③ M 启动正常后，将其电枢串联电阻 R_1 调至零，调节电枢端电压为 220V。调节涡流测功机给定调节旋钮和电动机的磁场调节电阻 R_{fl}，使电动机达到额定状态：$U = U_N$，$I = I_N(I_N = I_{aN} + I_{fN})$，$n = n_N$。此时电动机 M 的励磁电流 I_f 即为额定励磁电流 I_{fN}。

④ 保持 $U = U_N$，$I_f = I_{fN}$，逆时针缓慢调节涡流测功机的给定调节旋钮，逐次减小电动机负载，直至空载状态（即涡流测功机控制箱的给定调节旋钮调逆时针旋转到底或将突减载开关拨至上端位置）测取电动机的电枢电流 I_a、转速 n、输出转矩 T_2 以及输出功率 P_2。共取数据 9～10 组，记录于表 3-8 中。

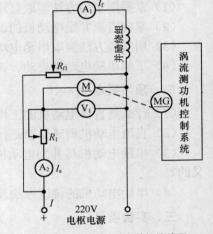

图 3-4　直流并励电动机接线图

表 3-8　　　　　　　$U = U_N = 220\text{V}$，$I_f = I_{fN} = \underline{}\text{mA}$

实　验 数　据	I_a（A）								
	n（r/min）								
	T_2（N·m）								
	P_2（W）								
计 算 数 据	P_1（W）								
	η（%）								
	Δn（%）								

（2）并励电动机的调速特性

① 电枢绕组串电阻调速

a. 直流电动机 M 运行后，将启动电阻 R_1 调至零。调节涡流测功机的给定调节旋钮、电动机的电枢电压及磁场电阻 R_{f1}，使 M 的 $U = U_N$，$I_a = 0.5I_N$，$I_f = I_{fN}$，记下此时 M 的转矩值 T_2 及 I_{fN} 保持不变。

b. 逐次增加 R_1 的阻值，降低电枢两端的电压 U_a，调节涡流测功机的给定调节旋钮及励磁回路电阻 R_{f1}，保持电动机的转矩和 $I_f = I_{fN}$ 不变。使 R_1 从零调至最大值，每次测取电动机的端电压 U_a，转速 n 和电枢电流 I_a。

c. 共取数据 8～9 组，记录于表 3-9 中

表 3-9　　　　　　　　$I_f = I_{fN} = $ _____ mA，$T_2 = $ _____ N·m

U_a(V)								
n(r/min)								
I_a(A)								

② 改变励磁电流的调速

a. 直流电动机运行后，调节励磁回路电阻 R_{f1} 使励磁电流 I_f 为最大值，将 M 的电枢串联电阻 R_1 调至零位置。调节涡流测功机的给定调节旋钮，使电动机 M 的 $U = U_N$，$I_a = 0.5I_N$，记下此时对应的电动机输出转矩值 T_2。

b. 保持电动机 M 此时的转矩 T_2 和电枢端电压不变，逐次减小励磁电流 I_f，直至 $n = 1.3n_N$，每次测取电动机的 n、I_f 和 I_a。共取 7～8 组记录于表 3-10 中。

表 3-10　　　　　　　$U = U_N = $ _____ V，$T_2 = $ _____ N·m

n(r/min)								
I_f(mA)								
I_a(A)								

③ 能耗制动

a. 按图 3-5 所示接线，将涡流测功机的突减载开关拨至上端位置，涡流测功机不加载。图中 R_1 选用 D41 上 90Ω 串 90Ω 共 180Ω 阻值，R_{f1} 选用 D42 上的 900Ω 串 900Ω 共 1 800Ω 阻值，R_L 选用 D42 上 900Ω 串 900Ω 再加上 900Ω 并 900Ω 共 2 250Ω 阻值。开关 S_1 选用 D51 挂件。

b. 把 M 的电枢串联启动电阻 R_1 调至最大，磁场调节电阻 R_f 调至最小位置。S_1 合向 1 端位置，然后合上控制屏下方右边的电枢电源开关，使电动机启动。

c. 运转正常后，将开关 S_1 合向中间位置，使电枢开路。由于电枢开路，电机处于自由停机，记录停机时间。

d. 将 R_1 调回最大位置，重复启动电动机，待运转正常后，把 S_1 快速合向 2 端位置，记录停机时间。

e. 选择 R_L 不同的阻值，观察对停机时间的影响（注意调节 R_1 及 R_L，不宜选择太小的阻值，以免产生太大的电流，损坏电机）。

（3）串励电动机的工作特性和机械特性

实验线路如图 3-6 所示，图中直流串励电动机选用 DJ14，涡流测功机 MG 作为电动机的

负载,用于测量电动机 M 的转矩,两者之间用联轴器同轴连接。R_{fl} 选用 D41 的 180Ω 和 90Ω 串联共 270Ω 阻值,R_1 用 D41 的 180Ω 阻值。直流电压表 V_1 选用控制屏上的电压指示,V_2 用 D31 上的电压表,电流表 A_1 选用 D31 上的毫安表,A_2 选用 D31 上的安培表。开关 S_1 选用 D51 挂件上的开关。

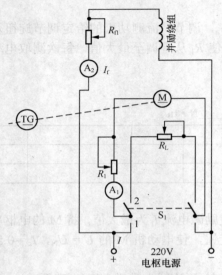
图 3-5 并励电动机能耗制动接线图

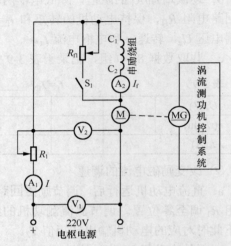
图 3-6 串励电动机接线图

① 将涡流测功机的突减载开关拨至下端。由于串励电动机不允许空载启动,因此应调节涡流测功机控制箱上的给定调节旋钮,使电动机在启动过程中带上一定负载。

② 将控制屏上的电枢电源的电压调节旋钮调至最小的位置,调节直流串励电动机 M 的电枢串联启动电阻 R_1 及磁场分路电阻 R_{fl} 到最大值,打开磁场分路开关 S_1,合上控制屏上的电枢电源开关,启动 M,并观察转向是否正确。

③ M 运转后,调节 R_1 至零,同时调节涡流测功机的给定调节旋钮,控制屏上的电枢电压调压旋钮,使电动机 M 的电枢电压 $U_1 = U_N$,$I = 1.2I_N$。

④ 在保持 $U_1 = U_N$,调节涡流测功机的给定调节旋钮逐次减小电动机的负载直至 $n < 1.4n_N$ 为止,每次测取 I、n、T、P_2,共取数据 6~7 组,记录于表 3-11 中。

表 3-11　　　　　　　　　　　$U_1 = U_N = 220V$

	$I(A)$							
实 验 数 据	$n(r/min)$							
	$T_2(N \cdot m)$							
	$P_2(W)$							
计 算 数 据	$\eta(\%)$							

⑤ 若要在实验中使串励电动机 M 停机,须将电枢串联启动电阻 R_1 调回到最大值,断开控制屏上电枢电源开关,使 M 失电而停止。

(4)测取电枢串电阻后的人为机械特性

① 断开直流串励电动机 M 的磁场分路开关 S_1,调节电枢串联启动电阻 R_1 到最大值,启

动 M（若在上一步骤 1，实验中未使 M 停机，可跳过这步接着做）。

② 调节串入 M 电枢的电阻 R_1、电枢电源的调压旋钮和涡流测功机的给定调节旋钮，使控制屏的电枢电源电压等于额定电压（即 $U = U_N$）、电枢电流 $I = I_N$、转速 $n = 0.8n_N$。

③ 保持此时的 R_1 不变和电枢电源输出电压 $U = U_N$，逐次减小电动机的负载，直至 $n < 1.4n_N$ 为止。每次测取 n 和 T_2，共取数据 6～7 组，记录于表 3-12 中。

表 3-12　　　　　　　　　　$U = U_N=$____ V，$R_1 =$ 常值

实 验 数 据	T_2(N·m)						
	n(r/min)						

（5）串励电动机的调速特性

① 电枢回路串电阻调速

a．将涡流测功机设定为转速控制模式。电动机电枢串电阻并带负载启动后，将 R_1 调至零，S_1 断开。

b．调节电枢电压和涡流测功机使 $U = U_N$，$I \approx I_N$，记录此时串励电动机的 n、I 和 T_2。

c．在保持电枢电源输出电压 $U = U_N$ 以及 T_2 不变的条件下，逐次增加 R_1 的阻值，直至电阻 R_1 调至最大位置，测量 n、I、U_2。共取数据 6～8 组，记录于表 3-13 中。

表 3-13　　　　　　　　　　$U = U_N=$____ V，$T_2=$____ N·m

n(r/min)							
I(A)							
U_2(V)							

② 磁场绕组并联电阻调速

a．接通电源前，打开开关 S_1，将 R_1 和 R_{f1} 调至最大值。

b．电动机电枢串电阻并带负载启动后，调节 R_1 至零，合上开关 S_1。

c．调节电枢电压和负载，使 $U = U_N$，$T_2 = 0.8T_N$。记录此时电动机的 n、I、I_f 和电动机 M 的输出转矩 T_2。

d．在保持 $U = U_N$ 及 T_2 不变的条件下，逐次减小 R_{f1} 的阻值（注意 R_{f1} 不能短接），直至 $n < 1.4n_N$ 为止。每次测取 n、I、I_{f1}，共取数据 5～6 组，记录于表 3-14 中。

表 3-14　　　　　　　　　　$U = U_N=$____ V，$T_2=$____ N·m

n(r/min)						
I(A)						
I_f(A)						

六、实验报告

（1）由表 3-8 计算出 P_2 和 η，并绘出 n、T_2、$\eta = f(I_a)$ 及 $n = f(T_2)$ 的特性曲线。

电动机输出功率：$P_2 = 0.105nT_2$

式中输出转矩 T_2 的单位为 N·m（由 I_{f2} 及 I_F 值，从校正曲线 $T_2 = f(I_F)$ 查得），转速 n 的单位为 r/min。

电动机输入功率：$P_1 = UI$

输入电流：$I = I_a + I_{fN}$

电动机效率：$\eta = \dfrac{P_2}{P_1} \times 100\%$

由工作特性求出转速变化率：$\Delta n\% = \dfrac{n_0 - n_N}{n_N} \times 100\%$

（2）绘出并励电动机调速特性曲线 $n = f(U_a)$ 和 $n = f(I_f)$。分析在恒转矩负载时两种调速的电枢电流变化规律以及两种调速方法的优缺点。

（3）能耗制动时间与制动电阻 R_L 的阻值有什么关系？为什么？该制动方法有什么缺点？

（4）绘出直流串励电动机的工作特性曲线 n、T_2、$\eta = f(I)$。

（5）在同一张坐标纸上绘出串励电动机的自然和人为机械特性。

（6）绘出串励电动机恒转矩两种调速的特性曲线。试分析在 $U = U_N$ 和 T_2 不变条件下调速时电枢电流变化规律。比较两种调速方法的优缺点。

七、思考题

（1）并励电动机的速率特性 $n = f(I_a)$ 为什么是略微下降？是否会出现上翘现象？为什么？上翘的速率特性对电动机运行有何影响？

（2）当电动机的负载转矩和励磁电流不变时，减小电枢端电压，为什么会引起电动机转速降低？

（3）当电动机的负载转矩和电枢端电压不变时，减小励磁电流会引起转速的升高，为什么？

（4）并励电动机在负载运行中，当磁场回路断线时是否一定会出现"飞车"？为什么？

（5）串励电动机为什么不允许空载和轻载启动？

（6）磁场绕组并联电阻调速时，为什么不允许并联电阻调至零？

第 **4** 章　变压器实验

实验一　单相变压器

一、实验目的
（1）通过空载和短路实验测定变压器的变比和参数。
（2）通过负载实验测取变压器的运行特性。

二、预习要点
（1）变压器的空载和短路实验有什么特点？实验中电源电压一般加在哪一侧较合适？
（2）在空载和短路实验中，各种仪表应怎样连接才能使测量误差最小？
（3）如何用实验方法测定变压器的铁耗及铜耗？

三、实验项目
（1）空载实验

测取空载特性 $U_0=f(I_0)$，$P_0=f(U_0)$，$\cos\phi_0=f(U_0)$。

（2）短路实验

测取短路特性 $U_K=f(I_K)$，$P_K=f(I_K)$，$\cos\phi_K=f(I_K)$。

（3）负载实验

① 纯电阻负载

保持 $U_1=U_N$，$\cos\phi_2=1$ 的条件下，测取 $U_2=f(I_2)$。

② 阻感性负载

保持 $U_1=U_N$，$\cos\phi_2=0.8$ 的条件下，测取 $U_2=f(I_2)$。

四、实验设备
实验设备如表 4-1 所示。

表 4-1　　　　　　　　　　　　　　　　　实验设备

序　号	型　号	名　称	数　量
1	D33	数/模交流电压表	1件
2	D32	数/模交流电流表	1件
3	D34-3	智能型功率、功率因数表	1件
4	DJ11	三相组式变压器	1件

序　号	型　号	名　　称	数　量
5	D42	三相可调电阻器	1 件
6	D43	三相可调电抗器	1 件
7	D51	波形测试及开关板	1 件

五、实验内容、方法及步骤

（1）空载实验

① 在三相调压交流电源断电的条件下，按图 4-1 所示接线。被测变压器选用三相组式变压器 DJ11 中的一只作为单相变压器，其额定容量 $P_N = 77W$，$U_{1N}/U_{2N} = 220V/55V$，$I_{1N}/I_{2N} = 0.35A/1.4A$。变压器的低压线圈 a、x 接电源，高压线圈 A、X 开路。

② 选好所有测量仪表量程。将控制屏左侧调压器旋钮向逆时针方向旋转到底，即将其调到输出电压为零的位置。

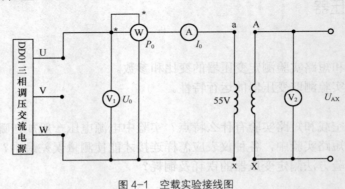

图 4-1　空载实验接线图

③ 合上交流电源总开关，按下"启动"按钮，便接通了三相交流电源。调节三相调压器旋钮，使变压器空载电压 $U_0 = 1.2U_N$，然后逐次降低电源电压，在（1.2～0.3）U_N 的范围内，测取变压器的 U_0、I_0、P_0。

④ 测取数据时，$U = U_N$ 点必须测，并在该点附近测的点较密，共测取数据 7～8 组。记录于表 4-2 中。

⑤ 为了计算变压器的变比，在 U_N 以下测取原边电压的同时测出副边电压数据也记录于表 4-2 中。

表 4-2

序　号	实 验 数 据				计 算 数 据
	$U_0(V)$	$I_0(A)$	$P_0(W)$	$U_{AX}(V)$	$\cos\phi_0$

（2）短路实验

① 按下控制屏上的"停止"按钮，切断三相调压交流电源，按图 4-2 所示接线（以后每次改接线路，都要关断电源）。将变压器的高压线圈接电源，低压线圈直接短路。

② 选好所有测量仪表量程，将交流调压器旋钮调到输出电压为零的位置。

③ 接通交流电源，逐次缓慢增加输入电压，直到短路电流等于 $1.1I_N$ 为止，在$(0.2\sim 1.1)I_N$ 范围内测取变压器的 U_K、I_K、P_K。

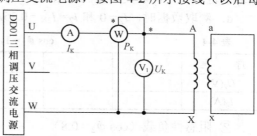

图 4-2　短路实验接线图

④ 测取数据时，$I_K = I_N$ 点必须测，共测取数据 6～7 组记录于表 4-3 中。实验时记下周围环境温度（℃）。

表 4-3　　　　　　　　　　　　　　　室温_____℃

序　　号	实　验　数　据			计　算　数　据
	U_K(V)	I_K(A)	P_K(W)	$\cos\phi_K$

（3）负载实验

实验线路如图 4-3 所示。变压器低压线圈接电源，高压线圈经过开关 S_1 和 S_2，接到负载电阻 R_L 和电抗 X_L 上。R_L 选用 D42 上 4 只 900Ω 变阻器相串联共 3 600Ω 阻值，X_L 选用 D43，功率因数表选用 D34-3，开关 S_1 和 S_2 选用 D51 挂件。

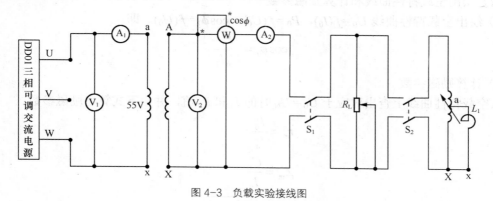

图 4-3　负载实验接线图

① 纯电阻负载

a. 将调压器旋钮调到输出电压为零的位置，S_1、S_2 打开，负载电阻值调到最大。

b. 接通交流电源，逐渐升高电源电压，使变压器输入电压 $U_1 = U_N$。

c. 保持 $U_1 = U_N$，合上 S_1，逐渐增加负载电流，即减小负载电阻 R_L 的值，从空载到额定负载的范围内，测取变压器的输出电压 U_2 和电流 I_2。

d. 测取数据时，$I_2 = 0$ 和 $I_2 = I_{2N} = 0.35A$ 必测，共取数据 6~7 组，记录于表 4-4 中。

表 4-4 $\cos \phi_2 = 1$，$U_1 = U_N = \underline{\quad}$ V

序 号							
U_2(V)							
I_2(A)							

② 阻感性负载（$\cos \phi_2 = 0.8$）

a. 用电抗器 X_L 和 R_L 并联作为变压器的负载，S_1、S_2 打开，电阻及电抗值调至最大。

b. 接通交流电源，升高电源电压至 $U_1 = U_{1N}$，且保持不变。

c. 合上 S_1、S_2，在保持 $U_1 = U_N$ 及 $\cos \phi_2 = 0.8$ 条件下，逐渐增加负载电流，从空载到额定负载的范围内，测取变压器 U_2 和 I_2。

d. 测取数据时，其 $I_2 = 0$，$I_2 = I_{2N}$ 两点必测，共测取数据 6~7 组记录于表 4-5 中。

表 4-5 $\cos \phi_2 = 0.8$，$U_1 = U_N = \underline{\quad}$ V

序 号							
U_2(V)							
I_2(A)							

六、注意事项

（1）在变压器实验中，应注意电压表、电流表、功率表的合理布置及量程选择。

（2）短路实验操作要快，否则线圈发热引起电阻变化。

七、实验报告

（1）计算变比

由空载实验测变压器的原副侧电压的数据，分别计算出变比，然后取其平均值作为变压器的变比 K。

$$K = U_{AX}/U_{ax}$$

（2）绘出空载特性曲线和计算励磁参数

① 绘出空载特性曲线 $U_0 = f(I_0)$，$P_0 = f(U_0)$，$\cos \phi_0 = f(U_0)$。即：

$$\cos \phi_0 = \frac{P_0}{U_0 I_0}$$

② 计算励磁参数

从空载特性曲线上查出对应于 $U_0 = U_N$ 时的 I_0 和 P_0 值，并由下式算出励磁参数：

$$r_m = \frac{P_0}{I_0^2}$$

$$Z_m = \frac{U_0}{I_0}$$

$$X_m = \sqrt{Z_m^2 - r_m^2}$$

（3）绘出短路特性曲线和计算短路参数

① 绘出短路特性曲线，$U_K = f(I_K)$、$P_K = f(I_K)$、$\cos \phi_K = f(I_K)$。

② 计算短路参数

从短路特性曲线上查出对应于短路电流 $I_K = I_N$ 时的 U_K 和 P_K 值，由下式算出实验环境温度为 $\theta(℃)$ 时的短路参数：

$$Z_K = \frac{U_K}{I_K}$$

$$r_K' = \frac{P_K}{I_K^2}$$

$$X_K' = \sqrt{Z_K'^2 - r_K'^2}$$

折算到低压方：

$$Z_K = \frac{Z_K'}{K^2}$$

$$r_K = \frac{r_K'}{K^2}$$

$$X_K = \frac{X_K'}{K^2}$$

由于短路电阻 r_K 随温度变化，因此，算出的短路电阻应按国家标准换算到基准工作温度 75℃ 时的阻值。

$$r_{K75℃} = r_{K\theta} \frac{234.5 + 75}{234.5 + \theta}$$

$$Z_{K75℃} = \sqrt{r_{K75℃}^2 + X_K^2}$$

式中，234.5 为铜导线的常数，若用铝导线常数应改为 228。

计算短路电压（阻抗电压）百分数：

$$u_K = \frac{I_N Z_{K75℃}}{U_N} \times 100\%$$

$$u_{Kr} = \frac{I_N r_{K75℃}}{U_N} \times 100\%$$

$$u_{KX} = \frac{I_N X_K}{U_N} \times 100\%$$

$I_K = I_N$ 时短路损耗 $P_{KN} = I_N^2 r_{K75℃}$

（4）画等效电路图

利用空载和短路实验测定的参数，画出被试变压器折算到低压侧的"T"型等效电路。要分离一次侧和二次侧电阻，可用万用表测出每侧的直流电阻，设 R_1' 为一次绕组的直流电阻折算到二次侧的数值，R_2 为二次侧绕组的直流电阻。r_k 已折算到二次侧应有

$$r_k = r_1' + r_2$$

$$\frac{r_1'}{R_1'} = \frac{r_2}{R_2}$$

联立方程组求解可得 r_1' 及 r_2。一次侧和二次侧的漏阻抗无法用实验方法分离通常取 $X_1' = X_2 = \frac{X_K}{2}$。

（5）变压器的电压变化率 Δu

① 绘出 $\cos \phi_2 = 1$ 和 $\cos \phi_2 = 0.8$ 两条外特性曲线 $U_2 = f(I_2)$，由特性曲线计算出 $I_2 = I_{2N}$ 时的电压变化率：

$$\Delta u = \frac{U_{20} - U_2}{U_{20}} \times 100\%$$

② 根据实验求出的参数，算出 $I_2 = I_{2N}$、$\cos \phi_2 = 1$ 和 $I_2 = I_{2N}$、$\cos \phi_2 = 0.8$ 时的电压变化率 Δu。

$$\Delta u = u_{Kr} \cos \phi_2 + u_{KX} \sin \phi_2$$

将两种计算结果进行比较，并分析不同性质的负载对变压器输出电压 U_2 的影响。

（6）绘出被测试变压器的效率特性曲线

① 用间接法算出 $\cos \phi_2 = 0.8$ 不同负载电流时的变压器效率，记录于表 4-6 中。

$$\eta = \left(1 - \frac{P_0 + I_2^{*2} P_{KN}}{I_2^* P_N \cos \varphi_2 + P_0 + I_2^{*2} P_{KN}} \right) \times 100\%$$

式中，$I_2^* P_N \cos \varphi_2 = P_2(\mathrm{W})$；

P_{KN} 为变压器 $I_K = I_N$ 时的短路损耗（W）；

P_0 为变压器 $U_0 = U_N$ 时的空载损耗（W）；

$I_2^* = I_2 / I_{2N}$ 为副边电流标幺值。

表 4-6 $\cos \phi_2 = 0.8$，$P_0 =$ _____ W，$P_{KN} =$ _____ W

I_2^*	$P_2(\mathrm{W})$	η
0.2		
0.4		
0.6		
0.8		
1.0		
1.2		

② 由计算数据绘出变压器的效率曲线 $\eta = f(I_2^*)$。

③ 计算被测试变压器 $\eta = \eta_{max}$ 时的负载系数 β_m。

$$\beta_m = \sqrt{\frac{P_0}{P_{KN}}}$$

实验二 三相变压器

一、实验目的

（1）通过空载和短路实验，测定三相变压器的变比和参数。

（2）通过负载实验，测取三相变压器的运行特性。

二、预习要点

（1）如何用双瓦特计法测三相功率，空载和短路实验应如何合理布置仪表。

（2）三相心式变压器的三相空载电流是否对称，为什么？

（3）如何测定三相变压器的铁耗和铜耗。

（4）变压器空载和短路实验时应注意哪些问题？一般电源应加在哪一侧比较合适？

三、实验项目

（1）测定变比

（2）空载实验

测取空载特性 $U_{0L}=f(I_{0L})$，$P_0=f(U_{0L})$， $\cos\varphi_0=f(U_{0L})$。

（3）短路实验

测取短路特性 $U_{KL}=f(I_{KL})$，$P_K=f(I_{KL})$， $\cos\varphi_K=f(I_{KL})$。

（4）纯电阻负载实验

保持 $U_1=U_N$，$\cos\phi_2=1$ 的条件下，测取 $U_2=f(I_2)$。

四、实验设备

实验设备如表 4-7 所示。

表 4-7 　　　　　　　　　　　　　　　实验设备

序　　号	型　　号	名　　称	数　　量
1	D33	数/模交流电压表	1件
2	D32	数/模交流电流表	1件
3	D34-3	智能型功率、功率因数表	1件
4	DJ12	三相心式变压器	1件
5	D42	三相可调电阻器	1件
6	D51	波形测试及开关板	1件

五、实验内容、方法及步骤

（1）测定变比

实验线路如图 4-4 所示，被测变压器选用 DJ12 三相三线圈心式变压器，额定容量 $P_N=152/152/152W$，$U_N=220/63.6/55V$，$I_N=0.4/1.38/1.6A$，Y/△/Y 接法。实验时只用高、低压两组线圈，低压线圈接电源，高压线圈开路。将三相交流电源调到输出电压为零的位置。开启控制屏上钥匙开关，按下"启动"按钮，电源接通后，调节外施电压 $U=0.5U_N=27.5V$ 测取高、低线圈的线电压 U_{AB}、U_{BC}、U_{CA}、U_{ab}、U_{bc}、U_{ca}，记录于表 4-8 中。

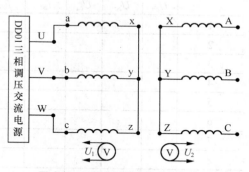

图 4-4　三相变压器变比实验接线图

表 4-8

高压绕组线电压（V）	低压绕组线电压（V）	变　　比	
U_{AB}	U_{ab}	K_{AB}	
U_{BC}	U_{bc}	K_{BC}	
U_{CA}	U_{ca}	K_{CA}	

计算变比 K：$K_{AB}=\dfrac{U_{AB}}{U_{ab}}$， $K_{BC}=\dfrac{U_{BC}}{U_{bc}}$， $K_{CA}=\dfrac{U_{CA}}{U_{ca}}$。

平均变比：$K = \dfrac{1}{3}(K_{AB} + K_{BC} + K_{CA})$。

（2）空载实验

① 将控制屏左侧三相交流电源的调压旋钮逆时针旋转到底使输出电压为零，按下"停止"按钮，在断电的条件下，按图 4-5 所示接线。变压器低压线圈接电源，高压线圈开路。

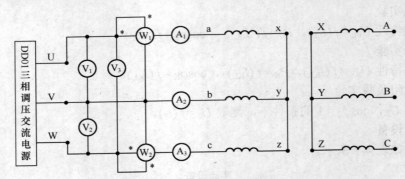

图 4-5 三相变压器空载实验接线图

② 按下"启动"按钮接通三相交流电源，调节电压，使变压器的空载电压 $U_{0L} = 1.2U_N$。

③ 逐次降低电源电压，在 $(1.2 \sim 0.2)U_N$ 范围内，测取变压器三相线电压、线电流和功率。

④ 测取数据时，其中 $U_{0L} = U_N$ 的点必测，且在其附近多测几组。共取数据 8~9 组记录于表 4-9 中。

表 4-9

序　　号	实　验　数　据								计　算　数　据			
	U_{0L}(V)			I_{0L}(A)			P_0(W)		U_{0L} （V）	I_{0L} （A）	P_0 （W）	$\cos\phi_0$
	U_{ab}	U_{bc}	U_{ca}	I_{a0}	I_{b0}	I_{c0}	P_{01}	P_{02}				
1												
2												
3												
4												
5												
6												
7												
8												
9												

（3）短路实验

① 将控制屏左侧的调压旋钮逆时针方向旋转到底使三相交流电源的输出电压为零值。按下"停止"按钮，在断电的条件下，按图 4-6 所示接线。变压器高压线圈接电源，低压线圈直接短路。

② 按下"启动"按钮，接通三相交流电源，缓慢增大电源电压，使变压器的短路电流 $I_{KL} = 1.1I_N$。

③ 逐次降低电源电压，在 $(1.1 \sim 0.3)I_N$ 的范围内，测取变压器的三相输入电压、电流及功率。

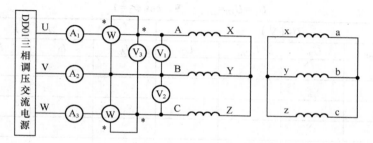

图 4-6 三相变压器短路实验接线图

④ 测取数据时，其中 $I_{KL}=I_N$ 点必测，共取数据 5~6 组，记录于表 4-10 中。实验时记下周围环境温度（℃），作为线圈的实际温度。

表 4-10   室温_____℃

序　号	实 验 数 据								计 算 数 据			
	U_{KL}(V)			I_{KL}(A)			P_K(W)		U_{KL} (V)	I_{KL} (A)	P_K (W)	$\cos\phi_K$
	U_{AB}	U_{BC}	U_{CA}	I_{AK}	I_{BK}	I_{CK}	P_{K1}	P_{K2}				

（4）纯电阻负载实验

① 将控制屏左侧的调压旋钮逆时针方向旋转到底使三相交流电源的输出电压为零，按下"停止"按钮，按图 4-7 所示接线。变压器低压线圈接电源，高压线圈经开关 S 接负载电阻 R_L，R_L 选用 D42 的 1 800Ω 变阻器共 3 只，开关 S 选用 D51 挂件。将负载电阻 R_L 阻值调至最大，打开开关 S。

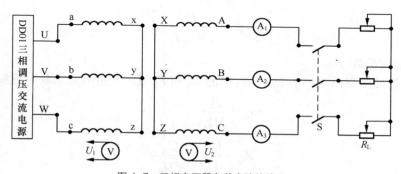

图 4-7 三相变压器负载实验接线图

② 按下"启动"按钮接通电源，调节交流电压，使变压器的输入电压 $U_1=U_{1N}$。

③ 在保持 $U_1=U_{1N}$ 不变的条件下，合上开关 S，逐次增加负载电流，从空载到额定负载范围内，测取三相变压器输出线电压和相电流。

④ 测取数据时，其中 $I_2=0$ 和 $I_2=I_N$ 两点必测。共取数据 7~8 组记录于表 4-11 中。

表 4-11 $U_1 = U_{1N} = \underline{\qquad}$ V, $\cos \phi_2 = 1$

序号	U_2 (V)				I_2 (A)			
	U_{AB}	U_{BC}	U_{CA}	U_2	I_A	I_B	I_C	I_2

六、注意事项

在三相变压器实验中，应注意电压表、电流表和功率表的合理布置。做短路实验时操作要快，否则线圈发热会引起电阻变化。

七、实验报告

（1）计算变压器的变比

根据实验数据，计算各线电压之比，然后取其平均值作为变压器的变比。

$$K_{AB} = \frac{U_{AB}}{U_{ab}} , \quad K_{BC} = \frac{U_{BC}}{U_{bc}} , \quad K_{CA} = \frac{U_{CA}}{U_{ca}}$$

（2）根据空载实验数据作空载特性曲线并计算励磁参数

① 绘出空载特性曲线 $U_{0L} = f(I_{0L})$，$P_0 = f(U_{0L})$，$\cos\phi_0 = f(U_{0L})$。表 4-9 中：

$$U_{0L} = \frac{U_{ab} + U_{bc} + U_{ca}}{3}$$

$$I_{0L} = \frac{I_a + I_b + I_c}{3}$$

$$P_0 = P_{01} + P_{02}$$

$$\cos\phi_0 = \frac{P_0}{\sqrt{3}U_{0L}I_{0L}}$$

② 计算励磁参数

从空载特性曲线查出对应于 $U_{0L} = U_N$ 时的 I_{0L} 和 P_0 值，并由下式求取励磁参数。

$$r_m = \frac{P_0}{3I_{0\varphi}^2}$$

$$Z_m = \frac{U_{0\varphi}}{I_{0\varphi}} = \frac{U_{0L}}{\sqrt{3}I_{0L}}$$

$$X_m = \sqrt{Z_m^2 - r_m^2}$$

式中，$X_m = \sqrt{Z_m^2 - r_m^2}$，$U_{0\varphi} = \frac{U_{0L}}{\sqrt{3}}$，$I_{0\varphi} = I_{0L}$，$P_0$——变压器空载相电压、相电流、三相空载功率（注：Y 接法，以后计算变压器和电机参数时都要换算成相电压、相电流）。

（3）绘出短路特性曲线和计算短路参数

① 绘出短路特性曲线 $U_{KL}=f(I_{KL})$，$P_K=f(I_{KL})$，$\cos\phi_K=f(I_{KL})$，式中：

$$U_{KL}=\frac{U_{AB}+U_{BC}+U_{CA}}{3}$$

$$I_{KL}=\frac{I_{AK}+I_{BK}+I_{CK}}{3}$$

$$P_K=P_{K1}+P_{K2}$$

$$\cos\phi_K=\frac{P_K}{\sqrt{3}U_{KL}I_{KL}}$$

② 计算短路参数

从短路特性曲线查出对应于 $I_{KL}=I_N$ 时的 U_{KL} 和 P_K 值，并由下式算出实验环境温度 $\theta\,^\circ\!C$ 时的短路参数：

$$r'_K=\frac{P_K}{3I_{K\varphi}^2}$$

$$Z'_K=\frac{U_{K\varphi}}{I_{K\varphi}}=\frac{U_{KL}}{\sqrt{3}I_{KL}}$$

$$X'_K=\sqrt{Z'^2_K-r'^2_K}$$

式中，$U_{K\varphi}=\dfrac{U_{KL}}{\sqrt{3}}$，$I_{K\varphi}=I_{KL}=I_N$，$P_K$——短路时的相电压、相电流、三相短路功率。

折算到低压侧：

$$Z_K=\frac{Z'_K}{K^2}$$

$$r_K=\frac{r'_K}{K^2}$$

$$X_K=\frac{X'_K}{K^2}$$

换算到基准工作温度下的短路参数 $r_{K75℃}$ 和 $Z_{K75℃}$（换算方法见实验一内容），计算短路电压百分数：

$$u_K=\frac{I_{N\varphi}Z_{K75°C}}{U_{N\varphi}}\times100\%$$

$$u_{Kr}=\frac{I_N r_{K75°C}}{U_{N\varphi}}\times100\%$$

$$u_{KX}=\frac{I_N X_K}{U_{N\varphi}}\times100\%$$

计算 $I_K=I_N$ 时的短路损耗：$P_{KN}=3I_{N\varphi}^2 r_{K75°C}$。

（4）根据空载和短路实验测定的参数，画出被测试变压器的"T"型等效电路

要分离一次侧和二次侧电阻，可用万用表测出每相绕组的的直流电阻，然后取其平均值。设 R'_1 为一次侧绕组的直流电阻折算到二次侧的数值，R_2 为二次侧绕组的直流电阻。r_k 已折算到二次侧应有

$$r_k = r'_1 + r_2$$

$$\frac{r'_1}{R'_1} = \frac{r_2}{R_2}$$

联立方程组求解可得 r'_1 及 r_2。一次侧和二次侧的漏阻抗无法用实验方法分离通常取

$$X'_1 = X_2 = \frac{X_K}{2}。$$

（5）变压器的电压变化率

① 根据实验数据绘出 $\cos \phi_2 = 1$ 时的特性曲线 $U_2 = f(I_2)$，由特性曲线计算出 $I_2 = I_{2N}$ 时的电压变化率。

$$\Delta u = \frac{U_{20} - U_2}{U_{20}} \times 100\%$$

② 根据实验求出的参数，算出 $I_2 = I_N$，$\cos \phi_2 = 1$ 时的电压变化率。

$$\Delta u = \beta (u_{Kr} \cos \phi_2 + u_{KX} \sin \phi_2)$$

（6）绘出被测试变压器的效率特性曲线

① 用间接法算出在 $\cos\phi_2 = 0.8$ 时，不同负载电流时变压器效率，记录于表 4-12 中。

表 4-12 $\cos \phi_2 = 0.8$，$P_0 = $_____W，$P_{KN} = $_____W

I_2^*	$P_2(W)$	η
0.2		
0.4		
0.6		
0.8		
1.0		
1.2		

$$\eta = \left(1 - \frac{P_0 + I_2^{*2} P_{KN}}{I_2^* P_N \cos \phi_2 + P_0 + I_2^{*2} P_{KN}} \right) \times 100\%$$

式中，$I_2^* P_N \cos \phi_2 = P_2$；

  P_N 为变压器的额定容量；

  P_{KN} 为变压器 $I_{KL} = I_N$ 时的短路损耗；

  P_0 为变压器的 $U_{0L} = U_N$ 时的空载损耗。

② 计算被测试变压器 $\eta = \eta_{max}$ 时的负载系数 β_m。

$$\beta_m = \sqrt{\frac{P_0}{P_{KN}}}$$

第 **5** 章 异步电机实验

实验一 三相鼠笼异步电动机的工作特性

一、实验目的
（1）掌握用日光灯法测转差率的方法。
（2）掌握三相异步电动机的空载、堵转和负载试验的方法。
（3）用直接负载法测取三相鼠笼式异步电动机的工作特性。
（4）测定三相鼠笼式异步电动机的参数。

二、预习要点
（1）用日光灯法测转差率是利用了日光灯的什么特性？
（2）异步电动机的工作特性指哪些特性？
（3）异步电动机的等效电路有哪些参数？它们的物理意义是什么？
（4）工作特性和参数的测定方法。

三、实验项目
（1）测定电机的转差率。
（2）测量定子绕组的冷态电阻。
（3）判定定子绕组的首末端。
（4）空载实验。
（5）短路实验。
（6）负载实验。

四、实验设备
实验设备如表 5-1 所示。

表 **5-1**　　　　　　　　　　　　　　　　实验设备

序　号	型　号	名　称	数　量
1	DD03-4	涡流测功机导轨	1件
2	D55-4	涡流测功机控制箱	1件
3	DJ16	三相鼠笼异步电动机	1件
4	D31	直流数字电压、毫安、安培表	1件

续表

序　　号	型　　号	名　　称	数　　量
5	D33	数/模交流电压表	1 件
6	D32	数/模交流电流表	1 件
7	D34-3	智能型功率、功率因数表	1 件
8	D42	三相可调电阻器	1 件
9	D51	波形测试及开关板	1 件

五、实验内容、方法及步骤

（1）测量定子绕组的冷态直流电阻

将电机在室内放置一段时间，用温度计测量电机绕组端部或铁心的温度。当所测温度与冷却介质温度之差不超过 2K 时，即为实际冷态。记录此时的温度和测量定子绕组的直流电阻，此阻值即为冷态直流电阻。

① 伏安法

将被测电机放置实验台上，按图 5-1 所示接线。直流电源用主控屏上电枢电源先调到 50V。开关 S_1、S_2 选用 D51 挂箱，R 用 D42 挂箱上 1 800Ω 可调电阻。电压表与电流表选用 D31 挂件上的测量仪表。

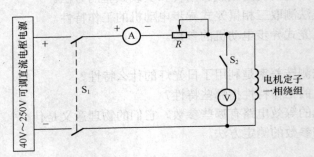

图 5-1　三相交流绕组电阻测定

量程的选择：测量时通过的测量电流应小于额定电流的 20%，约小于 60mA，因而直流电流表的量程用 200mA 挡。三相鼠笼式异步电动机定子一相绕组的电阻约为 50Ω，因而当流过的电流为 60mA 时二端电压约为 3V，所以直流电压表量程用 20V 挡。

按图 5-1 所示接线。把 R 调至最大位置，合上开关 S_1，调节直流电源及 R 阻值使试验电流不超过电机额定电流的 20%，以防因试验电流过大而引起绕组的温度上升，读取电流值，再接通开关 S_2 读取电压值。读完后，先断开开关 S_2，再断开开关 S_1。

调节 R 使 A 表分别为 50mA、40mA、30mA 测取 3 次，取其平均值，测量定子三相绕组的电阻值，记录于表 5-2 中。

表 5-2　　　　　　　　　　　　　　室温＿＿＿℃

	绕　组　I			绕　组　II			绕　组　III		
I（mA）									
U（V）									
R（Ω）									

注意事项：

a. 在测量时，电动机的转子须静止不动。

b. 测量通电时间不应超过 1min。

② 电桥法

用单臂电桥测量电阻时，应先将刻度盘旋到电桥大致平衡的位置，然后按下电池按钮，接通电源，等电桥中的电源达到稳定后，方可按下检流计按钮接入检流计。测量完毕，应先断开检流计，再断开电源，以免检流计受到冲击。数据记录于表 5-3 中。

电桥法测定绕组直流电阻准确度及灵敏度高，并有直接读数的优点。

表 5-3

R（Ω）	绕 组 Ⅰ	绕 组 Ⅱ	绕 组 Ⅲ

（2）判定定子绕组的首末端

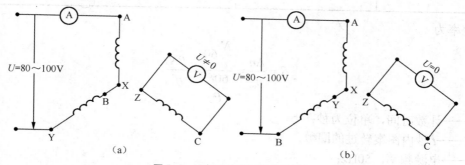

图 5-2 三相交流绕组首末端测定

先用万用表测出各相绕组的两个线端，将其中的任意两相绕组串联，按图 5-2 所示接线。将控制屏左侧调压器旋钮调至零位，开启钥匙开关，按下"启动"按钮，接通交流电源。调节调压旋钮，并在绕组端施以单相低电压 $U = 80 \sim 100V$，注意电流不应超过额定值，测出第三相绕组的电压，如测得的电压值有一定读数，表示两相绕组的末端与首端相连，如图 5-2（a）所示。反之，如测得电压近似为零，则两相绕组的末端与末端（或首端与首端）相连，如图 5-2（b）所示。用同样方法测出第三相绕组的首末端。

（3）用日光灯法测定转差率

日光灯是一种闪光灯，当接到 50Hz 电源上时，灯光每秒闪亮 100 次，人的视觉暂留时间约为 0.1s，故用肉眼观察时日光灯是一直发亮的，我们就利用日光灯这一特性来测量电机的转差率。

① 异步电机选用编号为 DJ16 的三相鼠笼异步电动机（$U_N = 220V$，△接法）极数 $2P = 4$。直接与涡流测功机同轴连接，在 DJ16 的联轴器上用黑胶布包一圈，再用 4 张白纸条（宽度约为 3mm），均匀地贴在黑胶布上。

② 由于电机的同步转速为 $n_0 = \dfrac{60f_1}{P} = 1\,500 \text{ r/min} = 25 \text{ r/s}$，而日光灯闪亮为 100 次/秒，即日光灯闪亮一次，电机转动 1/4 圈。由于电机轴上均匀贴有 4 张白纸条，故电机以同步转速转动时，肉眼观察图案是静止不动的（这个可以用直流电动机 DJ15、DJ23 或三相同步电

机 DJ18 来验证）。

③ 首先将涡流测功机控制箱上的突减载开关拨至上端位置，涡流测功机不加载。按下控制屏上的启动按钮，接通交流电源。打开控制屏上日光灯开关，调节控制屏左侧调压器升高电动机电压，观察电动机转向，如转向不对应停机调整相序。转向正确后，升压至 220V，使电机启动运转，记录此时电机转速。

④ 因三相异步电机转速总是低于同步转速，故灯光每闪亮一次，图案逆电机旋转方向落后一个角度，用肉眼观察图案逆电机旋转方向缓慢移动。

⑤ 按住控制屏报警记录仪"复位"键，此时报警记录仪停止计时，松手后报警记录仪开始计时，手松开之后开始观察图案后移的个数，计数时间可设定的短一些（一般取 30s）。将观察到的数据记录于表 5-4 中。

表 5-4

N(r)	t(s)	S	n(r/min)

转差率为

$$S = \frac{\Delta n}{n_o} = \frac{\dfrac{N}{t}60}{\dfrac{60f}{P}} = \frac{PN}{tf}$$

式中，t——计数时间，单位为秒；

      N——t 秒内图案转过的圈数；

      f——电源频率，50Hz；

      P——电机的极对数。

⑥ 停机。将调压器调至零位，关断电源开关。

⑦ 将计算出的转差率与实际观测到的转速算出的转差率比较。

（4）空载实验

① 按图 5-3 所示接线。电机绕组为△接法(U_N＝220V)，电机与涡流测功机的联轴器脱开。涡流测功机不加载。

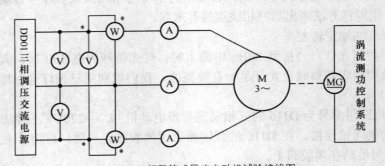

图 5-3　三相鼠笼式异步电动机试验接线图

② 把交流调压器调至电压最小位置，按下控制屏上的启动按钮，接通电源，调节控制屏左侧的调压器旋钮逐渐升高电压，使电机启动旋转，观察电机旋转方向，并使电机旋转方向为正转（如转向不符合要求需调整相序时，必须切断电源）。

③ 保持电动机在额定电压下空载运行数分钟，使机械损耗达到稳定后再进行试验。

④ 调节电压由 1.2 倍额定电压开始逐渐降低电压，直至电流或功率显著增大为止。在这范围内读取空载电压、空载电流、空载功率。

⑤ 在测取空载实验数据时，在额定电压附近多测几点，共取数据 7～9 组记录于表 5-5 中。

（5）负载实验

① 测量接线图同图 5-3，电机与涡流测功机同轴连接。

② 按下控制屏上的"启动"按钮，接通交流电源，调节控制屏左侧调压器旋钮使之逐渐升压至额定电压并保持不变。

③ 将涡流测功机设定为转矩控制模式状态下。调节涡流测功机的给定调节旋钮，给异步电动机加负载，使其定子电流逐渐上升，直至电流上升到 1.25 倍额定电流。

④ 从这负载开始，逐渐减小负载直至空载，在这范围内读取异步电动机的定子电流、输入功率、转速和转矩值数据。

⑤ 共取数据 8～9 组记录于表 5-6 中。

表 5-5

序号	U_{0L} (V)				I_{0L} (A)				P_0 (W)			$\cos\phi_0$
	U_{AB}	U_{BC}	U_{CA}	U_{0L}	I_A	I_B	I_C	I_{0L}	P_1	P_2	P_0	

表 5-6 $\qquad U_1 = U_{1N} = 220V$ （△）

序号	I_{1L} (A)				P_1 (W)			T_2 (N·m)	n (r/min)
	I_A	I_B	I_C	I_{1L}	P_I	P_{II}	P_1		
1									
2									
3									
4									
5									
6									
7									
8									
9									

表 5-7

序号	U_{KL}（V）				I_{KL}（A）				P_K（W）			$\cos \phi_K$
	U_{AB}	U_{BC}	U_{CA}	U_{KL}	I_A	I_B	I_C	I_{KL}	P_1	P_2	P_K	

（6）短路实验

① 测量接线图同图 5-3。将内六角扳手插入涡流测功机上方六角螺母的中心孔，使外转子与内转子同步。电机仍与涡流测功机同轴连接。

② 将调压器调至零，按下控制屏上的"启动"按钮，接通交流电源。调节控制屏左侧调压器旋钮使之逐渐升压至短路电流达到 1.2 倍额定电流，再逐渐降压至 0.3 倍额定电流为止。

③ 在这范围内读取短路电压、短路电流、短路功率。

④ 共取数据 5～6 组记录于表 5-7 中。

六、实验报告

（1）计算基准工作温度时的相电阻

由实验直接测得每相电阻值，此值为实际冷态电阻值。冷态温度为室温。按下式换算到基准工作温度时的定子绕组相电阻：

$$r_{1ref} = r_{1C} \frac{235 + \theta_{ref}}{235 + \theta_C}$$

式中，r_{1ref}——换算到基准工作温度时定子绕组的相电阻（Ω）；

r_{1c}——定子绕组的实际冷态相电阻（Ω）；

θ_{ref}——基准工作温度，对于 E 级绝缘为 75℃；

θ_c——实际冷态时定子绕组的温度（℃）。

（2）作空载特性曲线：I_{0L}、P_0、$\cos \phi_0 = f(U_{0L})$。

（3）作短路特性曲线：I_{KL}、$P_K = f(U_{KL})$。

（4）由空载、短路实验数据求异步电机的等效电路参数

① 由短路实验数据求短路参数

短路阻抗：$Z_K = \dfrac{U_{K\varphi}}{I_{K\varphi}} = \dfrac{\sqrt{3}U_{KL}}{I_{KL}}$

短路电阻：$r_K = \dfrac{P_K}{3I_{K\varphi}^2} = \dfrac{P_K}{I_{KL}^2}$

短路电抗：$X_K = \sqrt{Z_K^2 - r_K^2}$

式中，$U_{K\varphi} = U_{KL}$，$I_{K\varphi} = \dfrac{I_{KL}}{\sqrt{3}}$，$P_K$ 分别为电动机堵转时的相电压、相电流、三相短路功率（△接法）。

转子电阻的折合值：

$$r_2' \approx r_K - r_{1C}$$

式中，r_{1C} 是没有折合到 75℃时实际值。

定、转子漏抗：$X_{1\sigma} \approx X_{2\sigma}' \approx \dfrac{X_K}{2}$

② 由空载试验数据求励磁回路参数

空载阻抗：$Z_0 = \dfrac{U_{0\varphi}}{I_{0\varphi}} = \dfrac{\sqrt{3}U_{0L}}{I_{0L}}$

空载电阻：$r_0 = \dfrac{P_0}{3I_{0\varphi}^2} = \dfrac{P_0}{I_{0L}^2}$

空载电抗：$X_0 = \sqrt{Z_0^2 - r_0^2}$

式中，$U_{0\varphi} = U_{0L}$，$I_{0\varphi} = \dfrac{I_{0L}}{\sqrt{3}}$，$P_0$ 分别为电动机空载时的相电压、相电流、三相空载功率（△接法）。

励磁电抗：$X_m = X_0 - X_{1\sigma}$

励磁电阻：$r_m = \dfrac{P_{Fe}}{3I_{0\varphi}^2} = \dfrac{P_{Fe}}{I_{0L}^2}$

式中，P_{Fe} 为额定电压时的铁耗，由图 5-4 确定。

（5）作工作特性曲线 P_1、I_1、η、S、$\cos\phi_1 = f(P_2)$

由负载试验数据计算工作特性，填入表 5-8 中。

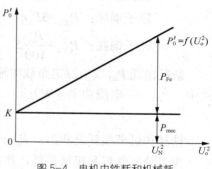

图 5-4 电机中铁耗和机械耗

表 5-8　　　　　　　　　　　　$U_1 = 220\text{V}(\triangle)$

序号	电动机输入		电动机输出		计 算 值			
	$I_{1\varphi}$ (A)	P_1 (W)	T_2 (N·m)	n (r/min)	P_2 (W)	S (%)	η (%)	$\cos\phi_1$

计算公式为 $I_{1\varphi} = \dfrac{I_{1L}}{\sqrt{3}} = \dfrac{I_A + I_B + I_C}{3\sqrt{3}}$

$$S = \frac{n_0 - n}{n_0} \times 100\%$$

$$\cos\phi_1 = \frac{P_1}{3U_{1\varphi}I_{1\varphi}}$$

$$P_2 = 0.105nT_2$$

$$\eta = \frac{P_2}{P_1} \times 100\%$$

式中，$I_{1\varphi}$——定子绕组相电流（A）；

$\qquad U_{1\varphi}$——定子绕组相电压（V）；

$\qquad S$——转差率；

$\qquad \eta$——效率。

（6）由损耗分析法求额定负载时的效率

电动机的损耗如下。

$\qquad$ 铁$\qquad$耗：$\qquad P_{Fe}$

$\qquad$ 机械损耗：$\qquad P_{mec}$

$\qquad$ 定子铜耗：$\qquad P_{CU1} = 3I_{1\varphi}^2 r_1$

$\qquad$ 转子铜耗：$\qquad P_{CU2} = \dfrac{P_{em}}{100} S$

杂散损耗 P_{ad} 取为额定负载时输入功率的 0.5%。

式中，P_{em}——电磁功率（W）；

$$P_{em} = P_1 - P_{cu1} - P_{Fe} \circ$$

铁耗和机械损耗之和为：$P_0' = P_{Fe} + P_{mec} = P_0 - 3I_{0\varphi}^2 r_1$

为了分离铁耗和机械损耗，作曲线 $P_0' = f(U_0^2)$，如图 5-4 所示。

延长曲线的直线部分与纵轴相交于 K 点，K 点的纵坐标即为电动机的机械损耗 P_{mec}，过 K 点作平行于横轴的直线，可得不同电压的铁耗 P_{Fe}。

电机的总损耗：

$$\sum P = P_{Fe} + P_{cu1} + P_{cu2} + P_{ad} + P_{mec}$$

于是求得额定负载时的效率为

$$\eta = \frac{P_1 - \sum P}{P_1} \times 100\%$$

式中，P_1、S、I_1 由工作特性曲线上对应于 P_2 为额定功率 P_N 时查得。

七、思考题

（1）由空载、短路实验数据求取异步电机的等效电路参数时，有哪些因素会引起误差？

（2）从短路实验数据我们可以得出哪些结论？

（3）由直接负载法测得的电机效率和用损耗分析法求得的电机效率各有哪些因素会引起误差？

实验二 三相异步电动机的启动与调速

一、实验目的
通过实验掌握异步电动机的启动和调速的方法。

二、预习要点
（1）异步电动机有哪些启动方法和启动技术指标。
（2）异步电动机的调速方法。

三、实验项目
（1）直接启动。
（2）星形—三角形（Y-△）换接启动。
（3）自耦变压器启动。
（4）线绕式异步电动机转子绕组串入可变电阻器启动。
（5）线绕式异步电动机转子绕组串入可变电阻器调速。

四、实验设备
实验设备如表 5-9 所示。

表 **5-9**　　　　　　　　　　　　实验设备

序　号	型　号	名　称	数　量
1	DD03-4	涡流测功机导轨	1 件
2	D55-4	涡流测功机控制箱	1 件
3	DJ16	三相鼠笼异步电动机	1 件
4	DJ17	三相线绕式异步电动机	1 件
5	D32	数/模交流电流表	1 件
6	D33	数/模交流电压表	1 件
7	D43	三相可调电抗器（可选）	1 件
8	D51	波形测试及开关板	1 件
9	DJ17-1	起动与调速电阻箱	1 件
10		内六角扳手	1 个
11		弹性联轴器	1 个

五、实验内容、方法及步骤

（1）三相鼠笼式异步电机直接启动试验

① 按图 5-5 所示接线。电机选用 DJ16，绕组为△接法。电动机直接与涡流测功机同轴连接且用偏心螺丝固定。涡流测功机不加载。电流表用 D32 上的指针表，电压表用 D33 上的数显表。

② 把控制屏上的交流调压器逆时针调到零位，开启钥匙开关，按下控制屏上的"启动"按钮，接通三相交流电源。

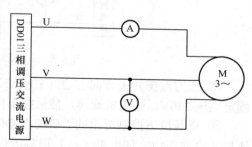

图 5-5　鼠笼式异步电动机直接启动接线图

③ 调节调压器，使输出电压达到电机额定电压 220V，使电机启动旋转（如电机旋转方向不符合要求需调整相序时，必须按下"停止"按钮，切断三相交流电源）。

④ 再按下"停止"按钮，断开三相交流电源，待电动机停止旋转后，重新按下"启动"按钮，接通三相交流电源，使电机全压启动，观察电机启动瞬间电流值（按指针式电流表偏转的最大位置所对应的读数值定性计量。

⑤ 将调压器调至零位，按下控制屏上的"停止"按钮断开电源开关。待电机停止转动后将内六角扳手插入涡流测功机上方六角螺母的中心孔，使涡流测功机的内转子与外转子同步，同时用弹性联轴器连接电动机与涡流测功机。

⑥ 按下"启动"按钮接通电源，调节控制屏左侧调压器旋钮升高电压，使电机电流为 2～3 倍额定电流，读取电压值 U_K、电流值 I_K，转矩值 T_K，记录于表 5-10 中，试验时通电时间不应超过 10s，以免绕组过热。对应于额定电压时的启动电流 I_{st} 和启动转矩 T_{st} 按下式计算：

$$I_{st} = \left(\frac{U_N}{U_K}\right) I_K$$

$$T_{st} = \left(\frac{I_{st}^2}{I_K^2}\right) T_K$$

式中，I_K——启动试验时的电流值（A）；

T_K——启动试验时的转矩值（N·m）。

表 5-10

测 量 值			计 算 值	
$U_K(V)$	$I_K(A)$	$T_K(N·m)$	$I_{st}(A)$	$T_{st}(N·m)$

（2）星形—三角形（Y-△）启动

① 按下控制屏上的"启动"按钮，将调压器调至零位。去掉螺母中心孔的内六角扳手，涡流测功机不加载。按图 5-6 所示接线。其中开关 S 选用 D51 挂件上的单刀双掷开关，电流表选用 D32 上的指针表。

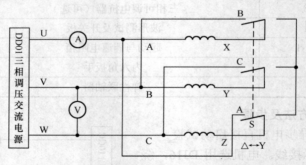

图 5-6　三相鼠笼式异步电机星形—三角形启动

② 三刀双掷开关合向右边（Y 接法）。合上电源开关，逐渐调节调压器使电压升至电机额定电压 220V，使电机旋转，然后按下停止按钮断开电源开关，待电机停转。

③ 重新按下控制屏上的"启动"按钮，接通电源。观察启动瞬间电流，待转速稳定后快速把 S 合向左边，使电机（△）正常运行，整个启动过程结束。观察启动瞬间电流表的显示值以与其他启动方法作定性比较。

（3）自耦变压器启动或用控制屏上调压器启动

① 用 D43 上的自耦调压器

a．按图 5-7 所示接线。电机绕组为△接法（DJ16 或 DJ24）。

b．三相调压器调到零位，开关 S 合向左边。自耦变压器选用 D43 挂箱。

c．按下控制屏上的"启动"按钮，接通交流电源。调节调压器使输出电压达电机额定电压 220V，断开电源开关，待电机停转。

d．开关 S 合向右边，按下"启动"按钮，使电机由自耦变压器降压启动（自耦变压器抽头输出电压分别为电源电压的 40%、60% 和 80%）并经一定时间再把 S 合向左边，使电机按额定电压正常运行，整个启动过程结束，观察启动瞬间电流以作定性的比较。

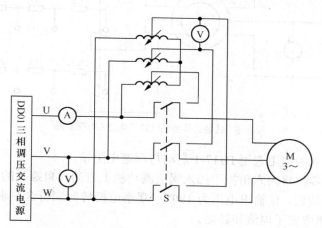

图 5-7　三相鼠笼式异步电动机自耦变压器法启动

② 用控制屏上的调压器

a．按照下图 5-8 接线。电机选用 DJ16 三相鼠笼式异步电动机，绕组为 Y 接法。

b．将控制屏左侧调压旋钮逆时针旋转到底，使输出电压为零。开关 S 合向右边。

c．按下"启动"按钮，接通交流电源，缓慢旋转控制屏左侧的调压旋钮，使三相调压输出端输出电压达分别到额定电压值的 40%、60%、80%进行启动，观察每次启动瞬间电流以作定性的比较。

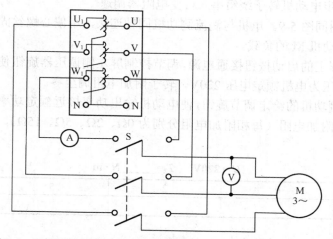

图 5-8　三相鼠笼式异步电动机自耦变压器法启动（用控制屏上的调压器）

（4）线绕式异步电动机转子绕组串入可变电阻器启动

电机定子绕组 Y 形接法。

① 调压器调到零位，按图 5-9 所示接线，电机为线绕式异步电动机。

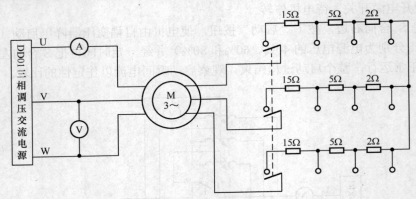

图 5-9　线绕式异步电机转子绕组串电阻启动

② 转子每相串入的电阻选用 DJ17-1 启动与调速电阻箱。

③ 调压器调到零位将内六角扳手插入涡流测功机上方的六角螺母的中心孔。

④ 调节调压器旋钮，使输出电压为 180V（观察电机转向应符合要求），转子绕组分别串入不同电阻值时，测取定子电流和转矩。

⑤ 试验时通电时间不应超过 10s 以免绕组过热。数据记入表 5-11 中。

表 5-11　　　　　　　　　　　　$U_K=$ _____ **V**

$R_{st}(\Omega)$	0	2	5	15
I_K				
$T_K(N \cdot m)$				
$I_{st}(A)$				
$T_{st}(N \cdot m)$				

（5）线绕式异步电动机转子绕组串入可变电阻器调速

① 实验线路图同图 5-9。电机与涡流测功机同轴连接，用偏心螺丝固定好。涡流测功机作为线绕式异步电动机 M 的负载。

② 按下控制屏上的启动按钮接通电源，调节控制屏左侧调压器旋钮使电机空载启动。保持调压器的输出电压为电机额定电压 220V，转子附加电阻调至零。

③ 调节涡流测功机的给定调节旋钮，使电动机输出功率接近额定功率并保持这输出转矩 T_2 不变，改变转子附加电阻（每相附加电阻分别为 0Ω、2Ω、5Ω、15Ω），测相应的转速记录于表 5-12 中。

表 5-12　　　　　　　　　　　　$U = 220V$　　$T_2=$ _____ **N·m**

$r_{st}(\Omega)$	0	2	5	15
n (r/min)				

六、实验报告

（1）比较异步电动机不同启动方法的优缺点。

（2）由启动试验数据求下述 3 种情况下的启动电流和启动转矩：

① 外施额定电压 U_N(直接法启动)；

② 外施电压为 $U_N/\sqrt{3}$(Y-△启动)；

③ 外施电压为 U_K/K_A，式中 K_A 为启动用自耦变压器的变比（自耦变压器启动）。

（3）线绕式异步电动机转子绕组串入电阻对启动电流和启动转矩的影响。

（4）线绕式异步电动机转子绕组串入电阻对电机转速的影响。

七、思考题

（1）启动电流和外施电压成正比，启动转矩和外施电压的平方成正比在什么情况下才能成立？

（2）启动时的实际情况和上述假定是否相符，不相符的主要因素是什么？

实验三　单相异步电动机

一、实验目的

（1）用实验方法测定单相电阻启动异步电动机的技术指标和参数。

（2）用实验方法测定单相电容启动异步电动机的技术指标和参数。

（3）用实验方法测定单相电容运转异步电动机的技术指标和参数。

二、预习要点

（1）单相电阻启动异步电动机有那些技术指标和参数？

（2）单相电容启动异步电动机有哪些技术指标和参数？

（3）单相电容运转异步电动机有哪些技术指标和参数？

（4）这些技术指标怎样测定？参数怎样测定？

三、实验项目

（1）单相电阻启动异步电动机实验。

（2）单相电容启动异步电动机实验。

（3）单相电容运转异步电动机实验。

四、实验设备

实验设备如表 5-13 所示。

表 **5-13**　　　　　　　　　　　　　　　　　实验设备

序　号	型　号	名　　称	数　量
1	DD03-4	涡流测功机导轨	1 件
2	D55-4	涡流测功机控制箱	1 件
3	DJ21	单相电阻启动异步电动机	1 件
4	DJ19	单相电容启动异步电动机	1 件
5	DJ20	单相电容运转异步电动机	1 件
6	D31	直流数字电压、毫安、安培表	1 件
7	D32	数/模交流电流表	1 件
8	D33	数/模交流电压表	1 件
9	D34-3	智能型功率、功率因数表	1 件

续表

序　号	型　号	名　称	数　量
10	D42	可调电阻器	1 件
11	D51	波形测试及开关板	1 件
12		内六角扳手	1 个
13		弹性联轴器	1 个

五、单相电阻启动异步电动机实验内容、方法及步骤

（1）分别测量定子主、副绕组的实际冷态电阻

测量方法详见第 5 章实验一，记录室温。数据记录于表 5-14 中。

表 5-14　　　　　　　　　　　　　室温_____℃

	主　绕　组			副　绕　组		
I（mA）						
U（V）						
R（Ω）						

（2）空载实验

① 按图 5-10 所示接线。单相电阻启动异步电动机 M 选用 DJ21，与涡流测功机同轴连接，涡流测功机不加载（注：由于单相电阻启动异步电动机启动电流较大，所以作此实验时应把控制屏门后扭子开关打在"关"位置。切断过流保护，以防误操作）。

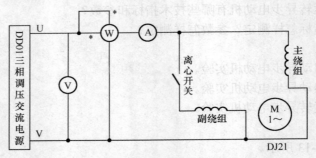

图 5-10　单相电阻启动异步电动机接线图

② 调节调压器让 M 降压空载启动，在额定电压下空载运转使机械损耗达稳定（10min）。

③ 从 1.1 倍额定电压开始逐步降低至可能达到的最低电压值，即功率和电流出现回升为止。

④ 其间测取数据 7～9 组，记录每组的电压 U_0、电流 I_0、功率 P_0 于表 5-15 中。

表 5-15

序　号									
U_0(V)									
I_0(A)									
P_0(W)									
$\cos\phi_0$									

（3）负载实验

① 空载启动 M，调节和保持交流电源电压为电动机 M 的额定电压 220V。

② 调节涡流测功机的给定调节旋钮，使电动机 M 在 1.1～0.25 倍额定功率范围内，测取 M 的定子电流 I、输入功率 P_1、电动机的转矩 T_2 及转速 n。

③ 共测取数据 7～8 组，记录于表 5-16 中。

表 5-16　　　　　　　　　　　　　　　$U_N = 220V$

序　号								
I(A)								
P_1(W)								
n(r/min)								
T_2(N·m)								
P_2(W)								
$\cos\phi$								
S(%)								
η(%)								

（4）短路实验。

① 减轻电动机负载，调节调压器旋钮使电压降至为零，按下控制屏上的停止按钮使电动机停机。将内六角扳手插入到涡流测功机上方的六角螺母的中心孔。卸下电动机，然后用弹性联轴器将电机与涡流测功机重新连接起来。

② 按下控制屏上的启动按钮接通电源，调节调压器旋钮缓慢升高电压，使电流约为 2 倍额定电流，逐步降低电压至短路电流接近额定电流为止，测取短路电压 U_K、短路电流 I_K 及短路力矩 T_K。

③ 测量每组读数时，通电持续时间不得超过 5s，共取数据 5～6 组记录于表 5-17 中。

表 5-17

序　号					
I_K（A）					
U_K(V)					
T_K(N·m)					

转子绕组等值电阻的测定：将 M 的副绕组脱开，主绕组加低电压使绕组中的电流等于额定值，测取电压 U_{K0}，电流 I_{K0} 及功率 P_{K0}，记录于表 5-18 中。

表 5-18

U_{K0}(V)	I_{K0}（A）	P_{K0}（W）	r'_2(Ω)

六、单相电容启动异步电动机实验内容、方法及步骤

（1）分别测量定子主、副绕组的实际冷态电阻

测量方法详见第 5 章实验一，记录室温。数据记录于表 5-19 中。

表 5-19 室温＿＿＿＿℃

	主 绕 组			副 绕 组		
$I(mA)$						
$U(V)$						
$R(\Omega)$						

（2）空载实验

按图 5-11 所示接线，启动电容 C 选用 D44 上 35μF 电容。

① 涡流测功机不加载，调节调压器让电机降压空载启动，在额定电压下空载运转使机械损耗达到稳定。

② 升高电压至 1.1 倍额定电压，然后开始逐步降低直至可能达到的最低电压值，即功率和电流出现回升时为止，其间测取电压 U_0、电流 I_0、功率 P_0 数据 7~8 组记录于表 5-20 中。

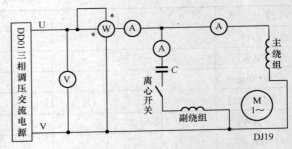

图 5-11 单相电容启动异步电动机接线图

表 5-20

序 号								
$U_0(V)$								
$I_0(A)$								
$P_0(W)$								
$\cos\phi_0$								

由空载实验数据计算电机参数参见单相电阻启动异步电动机实验。

（3）负载实验

① 电机与涡流测功机同轴连接，用偏心螺丝固定好。按下控制屏上的"启动"按钮接通交流电源，升高电压至 U_N 并保持不变。

② 调节涡流测功机的给定调节旋钮，使电动机在 1.1~0.25 倍额定功率范围内测取定子电流 I、输入功率 P_1、转矩 T_2、转速 n，共测取 6~8 组数据，其中额定点必测，记录于表 5-21。

表 5-21 $U_N = 220V$

序 号								
$I(A)$								
$P_1(W)$								
$n(r/min)$								
$T_2(N \cdot m)$								
$P_2(W)$								
$\cos\phi$								
$S(\%)$								
$\eta(\%)$								

（4）短路实验

① 在停机状态下，将内六角扳手插入涡流测功机上方六角螺母的中心孔，为了防止误动作将控制屏后面的过流开关关断，按下控制屏上的"启动"按钮接通交流电源，升压至约 $(0.95\sim1.02)U_N$，再逐次降压至短路电流接近额定电流为止。

② 共测取 U_K、I_K、T_K 等数据 6～8 组记录于表 5-22 中。

注意：测取每组读数时，通电持续时间不应超过 10s，以免绕组过热。

表 5-22

序　　号						
U_K(V)						
I_K(A)						
T_K(N·m)						

③ 转子绕组等值电阻的测定：将 M 的副绕组脱开，主绕组加低压使绕组中的电流等于额定值，测取电压 U_{K0}、电流 I_{K0} 及功率 P_{K0}。测定数据记录于表 5-23 中。

表 5-23

U_{K0} (V)	I_{K0} (A)	P_{K0} (W)	$r'_2(\Omega)$

七、单相电容运转异步电动机实验内容、方法及步骤

（1）分别测量定子主、副绕组的实际冷态电阻

测量方法详见第 5 章实验一，记录室温。数据记录于表 5-24 中。

表 5-24　　　　　　　　　室温_____℃

	主　绕　组		副　绕　组	
I（mA）				
U（V）				
R（Ω）				

（2）有效匝数比的测定

按图 5-12 所示接线，外配电容 C 选用 D44 上 4μF 电容。

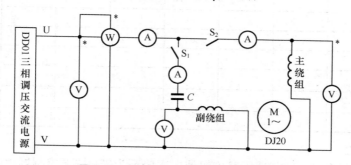

图 5-12　单相电容运转异步电动机接线图

① 降压空载启动后，将副绕组开路（打开开关 S_1）。主绕组加额定电压 220V，测量并纪录副绕组的感应电势 E_a。

② 合上开关 S_1，将主绕组开路（打开开关 S_2）。加电压 U_a ($U_a = 1.25 \times E_a$) 施于副绕组，测量并记录主绕组的感应电势 E_m。

③ 主、副绕组的有效匝数比 K 按下式求得：$K = \sqrt{\dfrac{U_a \times E_a}{E_m \times 220}}$

（3）空载实验

① 降压空载启动，再将副绕组开路（打开开关 S_1），主绕组加额定电压空载运转使机械损耗达稳定（15min）。

② 从 1.1～1.2 倍额定电压开始逐步降低到可能达到的最低电压值即功率和电流出现回升时为止，其间测取电压、电流、功率。共测取数据 7～9 组记录于表 5-25 中。

表 5-25

序 号								
U_0(V)								
I_0(A)								
P_0(W)								
$\cos\phi_0$								

（4）负载实验

① 空载启动 M，调节和保持交流电源电压为电动机 M 的额定电压 220V。

② 调节涡流测功机的给定调节旋钮，使电动机 M 在 0.25～1.1 倍额定功率范围内，测取 M 的定子电流 I、输入功率 P_1、电动机的转矩 T_2 及转速 n。

③ 共测取数据 7～8 组，记录于表 5-26 中。

表 5-26　　　　　　　　　　$U_N = 220V$

序 号								
$I_主$(A)								
$I_副$(A)								
$I_总$(A)								
P_1(W)								
I_F(A)								
n(r/min)								
T_2(N·m)								
P_2(W)								
η(%)								
$\cos\phi$								
S(%)								

（5）短路实验

① 减轻电动机负载，调节调压器旋钮使电压降至为零，按下控制屏上的停止按钮使电动机停机。将内六角扳手插入到涡流测功机上方的六角螺母的中心孔，卸下电动机，然后用弹性联轴器将电机与涡流测功机重新连接起来。

② 为了防止误动作将控制屏后面的过流开关关断，按下控制屏上的"启动"按钮接通电

源，调节调压器旋钮缓慢升高电压至 $(0.95 \sim 1.05)U_N$，再逐步降低电压至短路电流接近额定电流为止，测取短路电压 U_K、I_K、T_K 等数据。

③ 测量每组读数时，通电持续时间不得超过 5s，共取数据 6～7 组记录于表 5-27 中。

表 5-27

序　号						
$U_K(V)$						
$I_K(A)$						
$T_K(N \cdot m)$						

八、实验报告

（1）由实验数据计算出电机参数

① 由空载实验数据计算参数 Z_0、X_0、$\cos\phi_0$

空载阻抗： $Z_0 = U_0 / I_0$

式中，U_0——对应于额定电压值时的空载实验电压（V）；

　　　　I_0——对应于额定电压时的空载实验电流（A）；

空载电抗： $X_0 = Z_0 \sin\phi_0$

式中，ϕ_0——空载实验对应于额定电压时电压和电流的相位差（可由 $\cos\phi = P_0/(U_0 I_0)$ 求得 ϕ_0）。

② 由短路实验数据计算 r_2'、$X_{1\sigma}$、$X_{2\sigma}$、X_m

短路阻抗： $Z_{K0} = U_{K0} / I_{K0}$

转子绕组等效电阻： $r_2' = \dfrac{P_{K0}}{I_{K0}^2} - r_1$

式中，r_1——定子主绕组电阻。

定、转子漏抗： $X_{1\sigma} \approx X_{2\sigma}' \approx 0.5 Z_{K0} \sin\varphi_{K0}$

式中，ϕ_{K0}——实验电压 U_{K0} 和电流 I_{K0} 的相位差。

可由式 $\cos\varphi_{K0} = P_{K0}/(U_{K0} I_{K0})$ 求得 φ_{K0}。

③ 励磁电抗

$$X_m = 2(x_0 - x_{1\sigma} - 0.5 x_{2\sigma}')$$

式中，$x_{1\sigma}$——定子漏抗 Ω；

　　　　$x_{2\sigma}'$——转子漏抗（Ω）。

（2）由负载实验数据，绘制电机工作特性曲线 P_1、I_1、η、$\cos\phi$、$S = f(P_2)$。

（3）算出电动机的启动技术数据。

（4）确定电容参数。

九、思考题

（1）由电机参数计算出电机工作特性和实测数据是否有差异？是由哪些因素造成的？

（2）电容参数该怎样确定？电容怎样选配？

第 6 章　电机机械特性的测定

实验一　直流他励电动机在各种运转状态下的机械特性

一、实验目的
了解和测定他励直流电动机在各种运转状态的机械特性。

二、预习要点
1. 改变他励直流电动机机械特性有哪些方法？
2. 他励直流电动机在什么情况下，从电动机运行状态进入回馈制动状态？他励直流电动机回馈制动时，能量传递关系、电动势平衡方程式及机械特性又是什么情况？
3. 他励直流电动机反接制动时，能量传递关系、电动势平衡方程式及机械特性。

三、实验项目
1. 电动及回馈制动状态下的机械特性。
2. 电动及反接制动状态下的机械特性。
3. 能耗制动状态下的机械特性。

四、实验设备
实验设备见表 6-1。

表 6-1　　　　　　　　　　　　　实验设备

序　号	型　号	名　称	数　量
1	DD03-4	涡流测功机导轨	1 件
2	D55-4	涡流测功机控制箱	1 件
3	DJ15	直流并励电动机	1 件
4	DJ23-1	直流电动机	1 件
5	D31	直流数字电压、毫安、安培表	2 件
6	D41	三相可调电阻器	1 件
7	D42	三相可调电阻器	1 件
8	D51	波形测试及开关板	1 件

五、实验内容、方法及步骤
按图 6-1 所示接线，图中 M 用编号为 DJ15 的直流并励电动机（接成他励方式），MG 用编号为 DJ23-1 的直流电动机,直流电压表 V₁、V₂ 的量程为 1 000V,直流电流表 A₁、A₃ 的量程为 200mA,A₂、A₄ 的量程为 5A。R_1 选用 D42 上的 1 800Ω 阻值,R_2 选用 D41 上的 90Ω 串联 90Ω 共 180Ω 阻值,R_3 选用 D42 上的 1 800Ω 阻值,R_4 选用 D42 上的 1 800Ω 加上 D41 上的 4 个 90Ω 串联共 2 160Ω。开关 S1、S2 选用 D51 上的单刀双掷开关。

1. $R_2 = 0$ 时电动及回馈制动状态下的机械特性

（1）R_1 阻值调至最小位置,R_2、R_3 及 R_4 阻值调至最大位置,转速表置正向 1 800r/min 量程。开关 S1、S2 选用 D51 挂箱上的对应开关,并将 S1 合向 1 电源端,S2 合向 2'短接端（见图 6-1）。

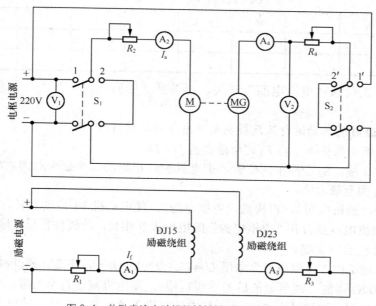

图 6-1　他励直流电动机机械特性测定的实验接线图

（2）开机时需检查控制屏下方左、右两边的"励磁电源"开关及"电枢电源"开关都须在断开的位置,然后按次序先开启控制屏上的"电源总开关",再按下"启动"按钮,随后接通"励磁电源"开关,最后检查 R_2 阻值确在最大位置时接通"电枢电源"开关,使他励直流电动机 M 启动运转。调节"电枢电源"电压为 220V;调节 R_2 阻值至零位置,调节 R_3 阻值,使电流表 A₃ 为 100mA。

（3）调节电动机 M 的磁场调节电阻 R_1 阻值和电机 MG 的负载电阻 R_4 阻值（先调节 D42 上 1 800Ω 阻值,调至最小后应用导线短接）。使电动机 M 的 $n = n_N = 1\,600$r/min,$I_N = I_f + I_a = 1.1$A。此时他励直流电动机的励磁电流 I_f 为额定励磁电流 I_{fN}。保持 $U = U_N = 220$V,$I_f = I_{fN}$,直流电动机的励磁电流为 100mA。增大 R_4 阻值,直至空载（将开关 S2 拨至中间位置）,测取电动机 M 在额定负载至空载范围的 n、I_a 数据,共取 8~9 组数据记录于表 6-2 中。

表 6-2　　　　　　　　$U_N = 220$V, $I_{fN} = $_____mA

序　号									
I_a(A)									
n(r/min)									

（4）在确定 S_2 处于中间位置的情况下，把 R_4 调至零值位置（其中 D42 上 1 800Ω 阻值调至零值后用导线短接），再减小 R_3 阻值，使 MG 的空载电压与电枢电源电压值接近相等（在开关 S_2 两端测），并且极性相同，把开关 S_2 合向 1 端。

（5）保持电枢电源电压 $U=U_N=220$V，$I_f=I_{fN}$，调节 R_3 阻值，使阻值增加，电动机转速升高，当 A_2 表的电流值为 0A 时，此时电动机转速为理想空载转速（此时转速表量程应打向正向 3 600r/min 挡），继续增加 R_3 阻值，使电动机进入第二象限回馈制动状态运行直至转速约为 1 900 r/min，测取 M 的 n、I_a。共取 8～9 组数据记录于表 6-3 中。

表 6-3				$U_N=220$V, $I_{fN}=$_____mA						
序　　号										
I_a(A)										
n(r/min)										

（6）停机（先关断"电枢电源"开关，再关断"励磁电源"开关，并将开关 S_2 合向到 2'端）。

2. $R_2=180$Ω 时的电动运行及反接制动状态下的机械特性

（1）在确保断电条件下，将 R_2 调至最大值 180 Ω。

（2）S_1 合向 1 端，S_2 合向中间位置，把电机 MG 电枢的二个插头对调，R_1 调至最小值，R_3 调至最大，R_4 调至最大值。

（3）先接通"励磁电源"，再接通"电枢电源"，使电动机 M 启动运转，在 S_2 两端测量测功机 MG 的空载电压是否和"电枢电源"的电压极性相反，若极性相反，检查 R_4 阻值确在最大位置时可把 S_2 合向 1'端。

（4）保持电动机的"电枢电源"电压 $U=U_N=220$V，$I_f=I_{fN}$ 不变，逐渐减小 R_4 阻值（先减小 D44 上 1 800Ω 阻值，调至零值后用导线短接），使电机减速直至为零。把转速表的正、反开关打在反向位置，继续减小 R_4 阻值，使电动机进入"反向"旋转，转速在反方向上逐渐上升，此时电动机工作于电势反接制动状态运行，直至电动机 M 的 $I_a=I_{aN}$，测取电动机在一、四象限的 n、I_a 共取 12 组数据记录于表 6-4 中。

表 6-4			$U_N=220$V, $I_{fN}=$_____mA, $R_2=180$Ω								
序　　号											
I_a(A)											
n(r/min)											

（5）停机（必须记住先关断"电枢电源"而后关断"励磁电源"的次序，并随手将 S_2 合向到 2'端）。

3. 能耗制动状态下的机械特性

（1）图 6-1 中，S_1 合向 2 短接端，R_1 调至最大位置，R_3 调至最小值位置，R_2 调定 180Ω 阻值，S_2 合向 1'端。

（2）先接通"励磁电源"，再接通"电枢电源"，使直流电动机 MG 启动运转，调节"电枢电源"电压为 220V，调节 R_1 使电动机 M 的 $I_f=I_{fN}$，先减少 R_4 阻值使电机 M 的能耗制动电流 $I_a=0.8I_{aN}$，然后逐次增加 R_4 阻值，其间测取 M 的 I_a、n 共取 8～9 组数据记录于

表 6-5 中。

表 6-6		$R_2 = 180\Omega$，$I_{fN}=$_____mA							
序　号									
I_a(A)									
n(r/min)									

（3）把 R_2 调定在 90Ω 阻值，重复上述实验操作步骤（1）、（2），测取 M 的 I_a、n 共取 8~9 组数据记录于表 6-6 中。

表 6-6		$R_2 = 90\Omega$，$I_{fN}=$_____mA							
序　号									
I_a(A)									
n(r/min)									

六、实验报告

根据实验数据，绘制他励直流电动机运行在第一、第二、第四象限的电动和制动状态及能耗制动状态下的机械特性 $n = f(I_a)$（用同一坐标纸绘出）。

七、思考题

1．回馈制动实验中，如何判别电动机运行在理想空载点？

2．直流电动机从第一象限运行到第二象限转子旋转方向不变，试问电磁转矩的方向是否也不变？为什么？

3．直流电动机从第一象限运行到第四象限，其转向反了，而电磁转矩方向不变，为什么？作为负载的 MG，从第一象限到第四象限其电磁转矩方向是否改变？为什么？

实验二　三相异步电动机在各种运行状态下的机械特性

一、实验目的

了解三相线绕式异步电动机在各种运行状态下的机械特性。

二、预习要点

1．如何利用现有设备测定三相线绕式异步电动机的机械特性？

2．测定各种运行状态下的机械特性应注意哪些问题？

3．如何根据所测出的数据计算被测试电机在各种运行状态下的机械特性？

三、实验项目

1．测定三相线绕式转子异步电动机在 $R_S = 0$ 时，电动运行状态和再生发电制动状态下的机械特性。

2．测定三相线绕转子异步电动机在 $R_S = 36\Omega$ 时，电动状态与反接制动状态下的机械特性。

3．$R_S = 36\Omega$，定子绕组加直流励磁电流 $I_1 = 0.36$A 及 $I_2 = 0.6$A 时，分别测定能耗制动状态下的机械特性。

四、实验设备

实验设备见表 6-7。

表 6-7   实验设备

序 号	型 号	名 称	数 量
1	DD03-4	涡流测功机导轨	1件
2	D55-4	涡流测功机控制箱	1件
3	DJ23-1	直流电动机	1件
4	DJ17	三相线绕式异步电动机	1件
5	D31	直流数字电压、毫安、安培表	2件
6	D32	数/模交流电流表	1件
7	D33	数/模交流电压表	1件
8	D34-3	智能型功率、功率因数表	1件
9	D41	三相可调电阻器	1件
10	D42	三相可调电阻器	1件
11	DJ17-1	线绕式异步电机启动与调速电阻箱	1件
12	D51	波形测试及开关板	1件

五、实验内容、方法及步骤

1. $R_S = 0$ 时的反转状态下机械特性、电动状态机械特性及再生发电制动状态下机械特性

（1）按图 6-2 所示接线，图中 M 用编号为 DJ17 的三相线绕式异步电动机，$U_N = 220\text{V}$，Y 接法。MG 用编号为 DJ23 的直流电动机。S_1、S_2、S_3 选用 D51 挂箱上的对应开关，并将 S_1 合向左边 1 端，S_2 合在左边短接端（即线绕式电机转子短路），S_3 合在 2'位置。R_1 选用 D42 的 3 600Ω 阻值加上 D41 上 6 只 90Ω 串联共 4 140Ω 阻值，R_2 选用 D44 上 1 800Ω 阻值，R_S 选用 DJ17-1 上三组电阻并调至 36Ω 位置，R_3 暂不接。直流电表 A_2、A_4 的量程为 5A，A_3 量程为 200mA，V_2 的量程为 1 000V，交流电表 V_1 的量程为 300V，A_1 量程为 2.5A。转速表 n 置正向 1 800r/min 量程。

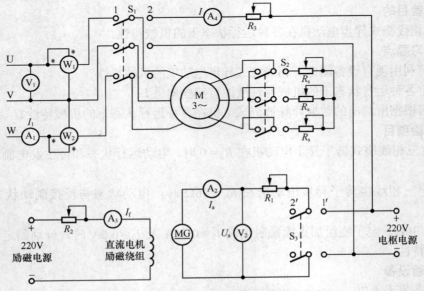

图 6-2   三相线绕转子异步电动机机械特性的接线图

（2）确定 S_1 合在左边 1 端，S_2 合在左边短接端，S_3 合在 2'位置，M 的定子绕组接成星形的情况下。把 R_1、R_2 阻值调至最大位置，将控制屏左侧三相调压器旋钮向逆时针方向旋到底，即把输出电压调到零。

（3）检查控制屏下方"直流电机电源"的"励磁电源"开关及"电枢电源"开关都须在断开位置。接通三相调压"电源总开关"，按下"启动"按钮，旋转调压器旋钮使三相交流电压慢慢升高，观察电机转向是否符合要求。若符合要求则升高到 $U = 110$V，并在以后实验中保持不变。接通"励磁电源"，调节 R_2 阻值，使直流电动机的励磁电流为 100mA。

（4）接通控制屏右下方的"电枢电源"开关，在开关 S_3 的 2'端测量直流电动机的输出电压的极性，先使其极性与 S_3 开关 1'端的电枢电源相反。在 R_1 阻值为最大的条件下将 S_3 合向 1'位置。

（5）调节"电枢电源"输出电压或 R_1 阻值，使电动机 M 的转速下降，直至 n 为零。把转速表置反向位置，并把 R_1 的 D42 上 4 个 900Ω 串联电阻调至零后用导线短接，继续减小 R_1 阻值或调高电枢电压使电机反向运转，直至 $n = 1\,300$r/min 为止。增大电阻 R_1 或者减小直流电动机的电枢电压使电机从反转运行状态进入堵转，然后进入电动运行状态，在该范围内测取电机 MG 的 U_a、I_a、n 及电动机 M 的交流电流表 A_1 的 I_1 值，将数据记录于表 6-8 对应的表格中。

表 6-8 $U = 110$V，$R_S = 0$Ω，$I_f=$_____mA

n(r/min)										
U_a(V)										
I_a(A)										
I_1(A)										
n(r/min)										
U_a(V)										
I_a(A)										
I_1(A)										

当电动机接近空载而转速不能调高时，将 S_3 合向 2'位置，调换 MG 电枢极性（在开关 S_3 的两端换向）使其与"电枢电源"同极性。调节"电枢电源"电压值使其与 MG 电压值接近相等，将 S_3 合至 1'端。减小 R_1 阻值直至短路位置（注：D42 上 4 只 900Ω 阻值调至短路后应用导线短接）。升高"电枢电源"电压或增大 R_2 阻值（减小电机 MG 的励磁电流）使电动机 M 的转速超过同步转速 n_0 而进入回馈制动状态，在 $n_0 \sim 1.2n_0$ 范围内测取电机 MG 的 U_a、I_a、n 及电动机 M 的定子电流 I_1 值，将数据记录于表 6-9 对应的表格中。

表 6-9 $U = 110$V，$R_S = 0$Ω，$I_f=$_____mA

n(r/min)										
U_a(V)										
I_a(A)										
I_1(A)										

（6）停机（先将 S_3 合至 2'端，关断"电枢电源"再关断"励磁电源"，将调压器调至零位，按下"停止"按钮）。

2. $R_S = 36\Omega$ 时的反转状态下机械特性、电动状态机械特性及发电制动状态下的机械特性

将开关 S_2 合向右端，绕线式异步电动机转子每相串入 36Ω 电阻。重复 $R_S = 0\Omega$ 的试验步骤，记录对应的数据于表 6-10 和表 6-11 中。

表 6-10 $U = 110V$，$R_S = 36\Omega$，$I_f = $ _____ mA

n(r/min)										
U_a(V)										
I_a(A)										
I_1(A)										
n(r/min)										
U_a(V)										
I_a(A)										
I_1(A)										

表 6-11 $U = 110V$，$R_S = 36\Omega$，$I_f = $ _____ mA

n(r/min)										
U_a(V)										
I_a(A)										
I_1(A)										

3. 能耗制动状态下的机械特性

（1）确认在"停机"状态下。把开关 S_1 合向右边 2 端，S_2 合向右端（R_S 仍保持 36Ω 不变），S_3 合向左边 2'端，R_1 用 D41 上 180Ω 阻值并调至最大，R_2 用 D42 上 $1\,800\Omega$ 阻值并调至最大，R_3 用 D42 上 900Ω 与 900Ω 并联再加上 900Ω 与 900Ω 并联再加上 D41 上 360Ω 共 1260Ω 阻值并调至最大。

（2）开启"励磁电源"，调节 R_2 阻值，使 A_3 表 $I_f = 100mA$，开启"电枢电源"，调节电枢电源的输出电压 $U = 220V$，再调节 R_3 使电动机 M 的定子绕组流过 $I = 0.6I_N = 0.36A$ 并保持不变。

（3）在 R_1 阻值为最大的条件下，把开关 S_3 合向右边 1'端，减小 R_1 阻值，使电机 MG 启动运转后转速约为 $1\,600r/min$，增大 R_1 阻值或减小电枢电源电压（但要保持 A_4 表的电流 I 不变）使电机转速下降，直至转速 n 约为 $50r/min$，其间测取电机 MG 的 U_a、I_a 及 n 值，共取 10~11 组数据记录于表 6-12 中。

表 6-12 $R_S = 36\Omega$，$I = 0.36A$，$I_f = $ _____ mA

n(r/min)										
U_a(V)										
I_a(A)										

（4）停机（先将 S_3 合至 2'端，关断"电枢电源"再关断"励磁电源"，将调压器调至零位，按下"停止"按钮）。

（5）调节 R_3 阻值，使电机 M 的定子绕组流过的励磁电流 $I = I_N = 0.6A$。重复上述操作步骤，测取电机 MG 的 U_a、I_a 及 n 值，共取 10~11 组数据记录于表 6-13 中。

表 6-13　　　　　　　　　$R_\text{S}=36\Omega$，$I=0.6\text{A}$，$I_\text{f}=$＿＿＿mA

n(r/min)									
U_a(V)									
I_a(A)									

4. 测定电机 M-MG 机组的空载损耗曲线 $P_0=f(n)$

开关 S_1、S_2 调置中间位置，开启"励磁电源"，调节 R_2 阻值，使 A_3 表 $I_\text{f}=100\text{mA}$，检查 R_1 阻值在最大位置时开启"电枢电源"，使电机 MG 启动运转，减小 R_1 阻值及调高"电枢电源"输出电压，使电机转速约为 1700r/min，逐次增大 R_1 阻值或减小"电枢电源"输出电压，使电机转速下降直至 $n=100$r/min，在其间测量电机 MG 的 U_a0、I_a0 及 n 值，将数据记录于表 6-14 中。

表 6-14　　　　　　　　　$I_\text{f}=100\text{mA}$

n（r/min）									
U_a0(V)									
I_a0(A)									
P_a0(W)									
n（r/min）									
U_a0(V)									
I_a0(A)									
P_a0(W)									

六、实验注意事项

调节串联的可调电阻时，要根据电流值的大小而相应选择调节不同电流值的电阻，防止个别电阻器过流而引起烧坏。

七、实验报告

1. 根据实验数据绘制各种运行状态下的机械特性。

计算公式：

$$T=\frac{9.55}{n}[P_0-(U_\text{a}I_\text{a}-I_\text{a}^2R_\text{a})]$$

式中，T——受测试异步电动机 M 的输出转矩（N·m）；

　　U_a——直流电动机 MG 的电枢端电压（V）；

　　I_a——直流电动机 MG 的电枢电流（A）；

　　R_a——直流电动机 MG 的电枢电阻（Ω），可由实验室提供；

　　P_0——对应某转速 n 时的某空载损耗（W）。

注：上式计算的 T 值为电机在 $U=110$V 时的 T 值，实际的转矩值应折算为额定电压时的异步电机转矩。

2. 绘制电机 M-MG 机组的空载损耗曲线 $P_0=f(n)$。

第 **7** 章 电力拖动系统继电接触控制实验

实验一 三相异步电动机的启动与能耗制动控制实验

一、实验目的

1. 通过对三相异步电动机点动控制和自锁控制线路的实际安装接线，掌握由电气原理图变换成安装接线图的知识。

2. 通过对三相异步电动机正反转控制线路的接线，掌握由电路原理图接成实际操作电路的方法。

3. 掌握手动控制正反转控制、接触器联锁正反转控制、按钮联锁正反转控制及按钮和接触器双重联锁正反转控制线路的不同接法，并熟悉在操作过程中有哪些不同之处。

4. 掌握在各种不同场合下应用何种启动方式。

5. 熟练掌握三相线绕式异步电动机的启动应用在何种场合，并有何特点。

6. 通过能耗制动的实际接线，了解能耗制动的特点和适用的范围，充分掌握能耗制动的原理。

二、实验项目

1. 三相异步电动机点动和自锁控制实验。

2. 三相异步电动机的正反转控制实验。

3. 三相鼠笼式异步电动机的降压启动控制实验。

4. 三相线绕式异步电动机的启动控制实验。

5. 三相异步电动机的能耗制动控制实验。

三、实验设备

实验设备见表 7-1。

表 7-1 实验设备

序　号	型　号	名　称	数　量
1	DJ16	三相鼠笼异步电动机（△/220V）	1 件
2	DJ24	三相鼠笼异步电动机（△/220V）	1 件
3	DJ17	三相线绕式异步电动机（Y/220）	1 台
4	D61	继电接触控制挂箱（一）	1 件

续表

序　号	型　号	名　称	数　量
5	D62	继电接触控制挂箱（二）	1 件
6	D41	三相可调电阻箱	1 件
7	D31	直流数字电压、毫安、安培表	1 件
8	D32	交流电流表	1 件

四、三相异步电动机点动和自锁控制实验内容、方法及步骤

实验前要检查控制屏左侧端面上的调压器旋钮须在零位，下面"直流电机电源"的"电枢电源"开关及"励磁电源"开关须在"关"断位置。开启"电源总开关"，按下启动按钮，旋转控制屏左侧调压器旋钮将三相交流电源输出端 U、V、W 的线电压调到 220V。再按下控制屏上的"停止"按钮以切断三相交流电源。以后在实验接线之前都应如此。

1. 三相异步电动机点动控制实验

按图 7-1 所示接线。图中 SB_1、KM_1 选用 D61 上元器件，Q_1、FU_1、FU_2、FU_3、FU_4 选用 D62 上元器件，电机选用 DJ24（△/220V）。接线时，先接主电路，它是从 220V 三相交流电源的输出端 U、V、W 开始，经三刀开关 Q_1、熔断器 FU_1、FU_2、FU_3、接触器 KM_1 主触点到电动机 M 的 3 个线端 A、B、C 的电路，用导线按顺序串联起来，有 3 路。主电路经检查无误后，再接控制电路，从熔断器 FU_4 插孔 W 开始，经按钮 SB_1 常开、接触器 KM_1 线圈到插孔 V。线接好经指导老师检查无误后，按下列步骤进行实验：

（1）按下控制屏上"启动"按钮；

（2）先合上 Q_1，接通三相交流 220V 电源；

（3）按下启动按钮 SB_1，对电动机 M 进行点动操作，比较按下 SB_1 和松开 SB_1 时电动机 M 的运转情况。

2. 三相异步电动机自锁控制实验

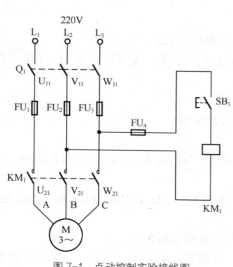

图 7-1　点动控制实验接线图

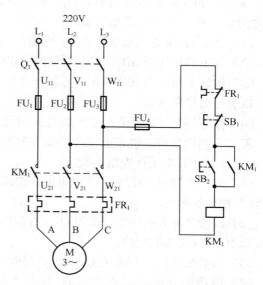

图 7-2　自锁控制实验接线图

按下控制屏上的"停止"按钮以切断三相交流电源。按图 7-2 所示接线，图中 SB_1、SB_2、

KM_1、FR_1 选用 D61 挂件，Q_1、FU_1、FU_2、FU_3、FU_4 选用 D62 挂件，电机选用 DJ24（△/220V）。

检查无误后，启动电源进行实验：

（1）合上开关 Q_1，接通三相交流 220V 电源；

（2）按下启动按钮 SB_2，松手后观察电动机 M 运转情况；

（3）按下停止按钮 SB_1，松手后观察电动机 M 运转情况。

3．三相异步电动机既可点动又可自锁控制实验

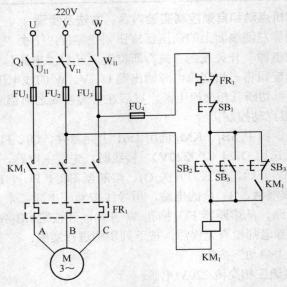

图 7-3　既可点动又可自锁控制实验接线图

按下控制屏上"停止"按钮切断三相交流电源后，按图 7-3 所示接线，图中 SB_1、SB_2、SB_3、KM_1、FR_1 选用 D61 挂件，Q_1、FU_1、FU_2、FU_3、FU_4 选用 D62 挂件，电机选用 DJ24（△/220V），检查无误后通电实验：

（1）合上 Q_1 接通三相交流 220V 电源；

（2）按下启动按钮 SB_2，松手后观察电机 M 是否继续运转；

（3）运转半分钟后按下 SB_3，然后松开，电机 M 是否停转；连续按下和松开 SB_3，观察此时属于什么控制状态；

（4）按下停止按钮 SB_1，松手后观察 M 是否停转。

五、三相异步电动机正反转控制实验内容、方法及步骤

1．倒顺开关正反转控制实验

（1）旋转控制屏左侧调压器旋钮将三相调压电源 U、V、W 输出线电压调到 220V，按下"停止"按钮切断交流电源。

（2）按图 7-4 所示接线。图中 Q_1（用以模拟倒顺开关）、FU_1、FU_2、FU_3 选用 D62 挂件，电机选用 DJ24（△/220V）。

（3）启动电源后，把开关 Q_1 合向"左合"位置，观察电机转向。

（4）运转半分钟后，把开关 Q_1 合向"断开"位置后，再扳向"右合"位置，观察电机转向。

2. 接触器联锁正反转控制实验

（1）按下"停止"按钮切断交流电源。按图 7-5 所示接线。图中 SB$_1$、SB$_2$、SB$_3$、KM$_1$、KM$_2$、FR$_1$ 选用 D61 挂件，Q$_1$、FU$_1$、FU$_2$、FU$_3$、FU$_4$ 选用 D62 挂件，电机选用 DJ24（△/220V）。经指导老师检查无误后，按下"启动"按钮通电操作。

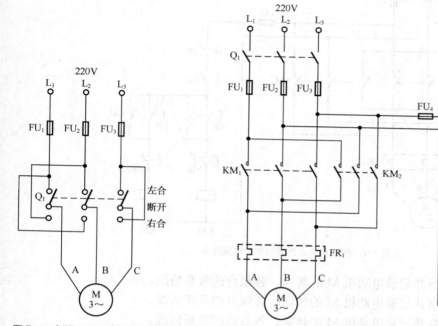

图 7-4　倒顺开关正反转控制实验接线图　　　　图 7-5　接触器联锁正反转控制实验接线图

（2）合上电源开关 Q$_1$，接通 220V 三相交流电源。

（3）按下 SB$_1$，观察并记录电动机 M 的转向、接触器自锁和联锁触点的吸断情况。

（4）按下 SB$_3$，观察并记录 M 运转状态、接触器各触点的吸断情况。

（5）再按下 SB$_2$，观察并记录 M 的转向、接触器自锁和联锁触点的吸断情况。

3. 按钮联锁正反转控制实验

（1）按下"停止"按钮切断交流电源。按图 7-6 所示接线。图中 SB$_1$、SB$_2$、SB$_3$、KM$_1$、KM$_2$、FR$_1$ 选用 D61 挂件，Q$_1$、FU$_1$、FU$_2$、FU$_3$、FU$_4$ 选用 D62 挂件，电机选用 DJ24（△/220V）。经检查无误后，按下"启动"按钮通电操作。

（2）合上电源开关 Q$_1$，接通 220V 三相交流电源。

（3）按下 SB$_1$，观察并记录电动机 M 的转向、各触点的吸断情况。

（4）按下 SB$_3$，观察并记录电动机 M 的转向、各触点的吸断情况。

（5）按下 SB$_2$，观察并记录电动机 M 的转向、各触点的吸断情况。

4. 按钮和接触器双重联锁正反转控制实验

（1）按下"停止"按钮切断三相交流电源，按图 7-7 所示接线。图中 SB$_1$、SB$_2$、SB$_3$、KM$_1$、KM$_2$、FR$_1$ 选用 D61 挂件，FU$_1$、FU$_2$、FU$_3$、FU$_4$、Q$_1$ 选用 D62 挂件，电机选用 DJ24（△/220V）。经检查无误后，按下"启动"按钮通电操作。

（2）合上电源开关 Q$_1$，接通 220V 交流电源。

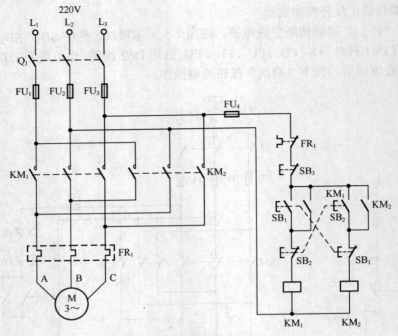

图 7-6　按钮联锁正反转控制实验接线图

（3）按下 SB_1，观察并记录电动机 M 的转向、各触点的吸断情况。

（4）按下 SB_2，观察并记录电动机 M 的转向、各触点的吸断情况。

（5）按下 SB_3，观察并记录电动机 M 的转向、各触点的吸断情况。

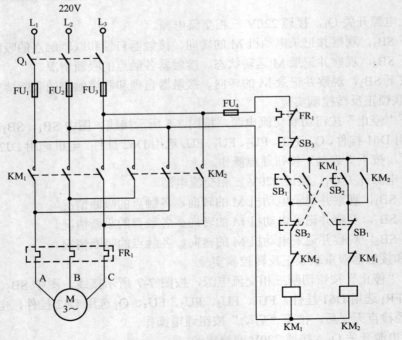

图 7-7　按钮和接触器双重联锁正反转控制实验接线图

六、三相鼠笼式异步电动机的降压启动控制实验内容、方法及步骤

1. 手动接触器控制串电阻降压启动控制

把三相可调电压调至线电压 220V，按下屏上"停止"按钮。按图 7-8 所示接线。图中 FR_1、SB_1、SB_2、SB_3、KM_1、KM_2 选用 D61 挂件，FU_1、FU_2、FU_3、FU_4、Q_1 选用 D62 挂件，R 用 D41 上 180Ω 电阻，安培表用 D32 上 2.5A 挡，电机用 DJ24（△/220V）。

（1）按下"启动"按钮，合上 Q_1 开关，接通 220V 交流电源。

（2）按下 SB_1，观察并记录电动机串电阻启动运行情况、安培表读数。

（3）再按下 SB_2，观察并记录电动机全压运行情况、安培表读数。

（4）按下 SB_3 使电机停转后，按住 SB_2 不放，再同时按 SB_1，观察并记录全压启动时电动机和接触器运行情况、安培表读数。

（5）试比较 $I_{串电阻}/I_{直接}=$ _____，并分析差异原因。

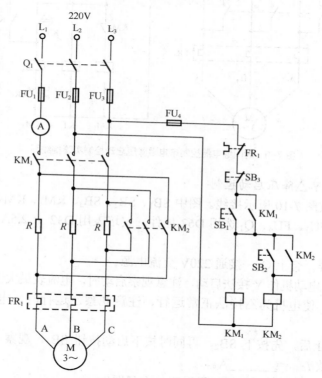

图 7-8 手动接触器控制串电阻降压启动控制实验接线图

2. 时间继电器控制串电阻降压启动控制

关断电源后，按图 7-9 所示接线。图中 FR_1、SB_1、SB_2、KM_1、KM_2、KT_1 选用 D61 挂件，FU_1、FU_2、FU_3、FU_4、Q_1 选用 D62 挂件，R 选用 D41 上 180Ω 电阻，安培表选用 D32 上 2.5A 挡，电机用 DJ24（△/220V）。

（1）启动电源，合上 Q_1，接通 220V 交流电源。

（2）按下 SB_2，观察并记录电动机串电阻启动时各接触器吸合情况、电动机运行状态、安培表读数。

（3）隔一段时间，时间继电器 KT_1 吸合后，电动机全压运行时各接触器吸合情况、电动机运行状态、安培表读数。

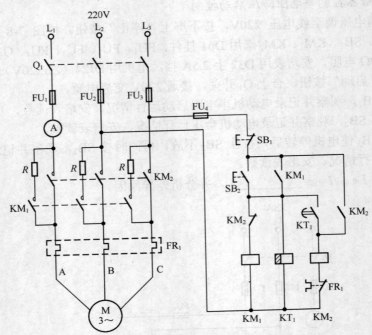

图 7-9　时间继电器控制串电阻降压启动控制实验接线图

3. 接触器控制 Y-△降压启动控制

关断电源后，按图 7-10 所示接线。图中 SB_1、SB_2、SB_3、KM_1、KM_2、KM_3、FR_1 用 D61 挂件，FU_1、FU_2、FU_3、FU_4、Q_1 选用 D62 挂件，安培表用 D32 上 2.5A 挡，电机选用 DJ24（△/220V）。

（1）启动控制屏，合上 Q_1，接通 220V 交流电源。

（2）按下 SB_1，电动机作 Y 接法启动，注意观察启动时，电流表最大读数 $I_{Y启动}$=_____A。

（3）按下 SB_2，使电机为△接法正常运行，注意观察△运行时，电流表电流为 $I_{△运行}$=_____A。

（4）按 SB_3 停止后，先按下 SB_2，再同时按下启动按钮 SB_1，观察电机在△接法直接启动时电流表最大读数 $I_{△启动}$=_____A。

（5）比较 $I_{Y启动}/I_{△启动}$=_____，结果说明什么问题？

4. 时间继电器控制 Y-△降压启动控制实验

关断电源后，按图 7-11 所示接线。图中 SB_1、SB_2、KM_1、KM_2、KM_3、KT_1、FR_1 选用 D61 挂件，FU_1、FU_2、FU_3、FU_4、Q_1 选用 D62 挂件，安培表用 D32 上 2.5A 挡，电机用 DJ24（△/220V）。

（1）启动控制屏，合上 Q_1，接通 220V 三相交流电源。

（2）按下 SB_1，电动机作 Y 接法启动，观察并记录电机运行情况和交流电流表读数。

（3）经过一定时间延时，电机按△接法正常运行后，观察并记录电机运行情况和交流电流表读数。

（4）按下 SB_2，电动机 M 停止运转。

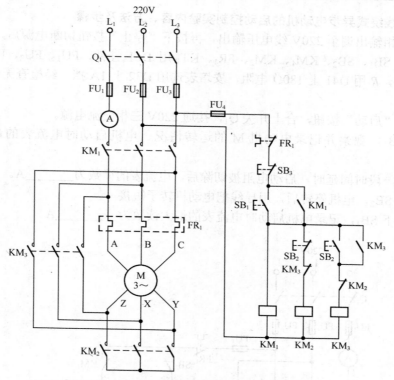

图 7-10 接触器控制 Y-△降压启动控制实验接线图

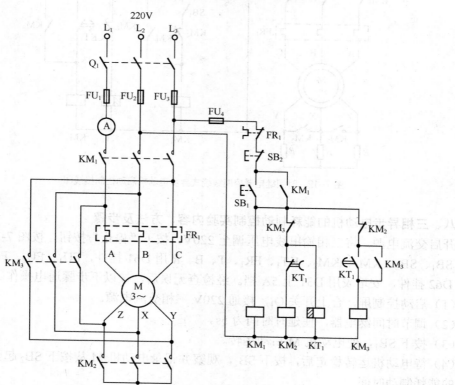

图 7-11 时间继电器控制 Y-△降压启动控制实验接线图

七、三相线绕式异步电动机的启动控制实验内容、方法及步骤

将可调三相输出调至 220V 线电压输出，再按下"停止"按钮切断电源后，按图 7-12 所示接线。图中 SB_1、SB_2、KM_1、KM_2、FR_1、KT_1 用 D61 挂件，FU_1、FU_2、FU_3、FU_4、Q_1 选用 D62 挂件，R 用 D41 上 180Ω 电阻，安培表选用 D32 上 1A 挡。经检查无误后，按下列步骤操作。

（1）按下"启动"按钮，合上开关 Q_1，接通 220V 三相交流电源。

（2）按 SB_1，观察并记录电动机 M 的运转情况。电机启动时电流表的最大读数为_____A。

（3）经过一段时间延时，启动电阻被切除后，电流表的读数为_____A。

（4）按下 SB_2，电机停转后，用导线把电动机转子短接。

（5）再按下 SB_1，记录电机启动时电流表的最大读数为_____A。

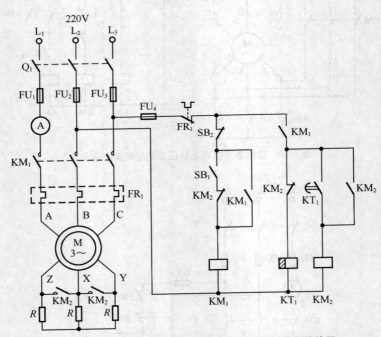

图 7-12 时间继电器控制线绕式异步电动机启动控制接线图

八、三相异步电动机的能耗制动控制实验内容、方法及步骤

开启交流电源，将三相输出线电压调至 220V，按下"停止"按钮，按图 7-13 所示接线。图中 SB_1、SB_2、KM_1、KM_2、KT_1、FR_1、T、B、R 用 D61 挂件，FU_1、FU_2、FU_3、FU_4、Q_1 选用 D62 挂件，安培表用 D31 上 5A 挡。经检查无误后，按以下步骤通电操作。

（1）启动控制屏，合上开关 Q_1，接通 220V 三相交流电源。

（2）调节时间继电器，使延时时间为 5s。

（3）按下 SB_1，使电动机 M 启动运转。

（4）待电动机运转稳定后，按下 SB_2，观察并记录电动机 M 从按下 SB_2 起至电动机停止旋转的能耗制动时间。

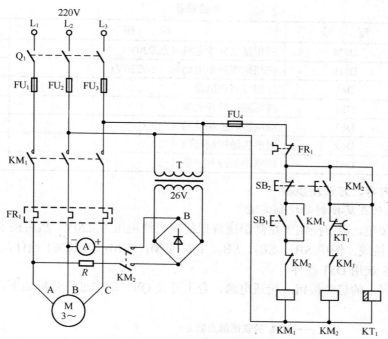

图7-13　异步电动机能耗制动控制实验接线图

九、思考题

1．试分析什么叫点动，什么叫自锁，并比较图 7-1 和图 7-2 的结构和功能上有什么区别？

2．图7-5 和图 7-6 虽然也能实现电动机正反转直接控制，但容易产生什么故障，为什么？图 7-7 比图 7-5 和 7-6 有什么优点？

3．接触器和按钮的联锁触点在继电接触控制中起到什么作用？

4．采用 Y-△降压启动的方法时对电动机有何要求？

5．降压启动的最终目的是控制什么物理量？

6．降压启动的自动控制与手动控制线路比较，有哪些优点？

7．分析能耗制动的制动原理有什么特点？适用在哪些场合？

实验二　三相异步电动机单、双向启动及反接制动控制实验

一、实验目的

1．通过反接制动的实际接线，了解反接制动的特点和适用范围。

2．充分掌握反接制动的原理。

二、实验项目

1．单向启动及反接制动控制实验。

2．双向启动及反接制动控制实验

三、实验设备

实验设备见表 7-2。

表 7-2   实验设备

序　号	型　号	规　格	数　量
1	DJ24	三相鼠笼异步电机（△/220V）	1 件
2	DJ16	三相鼠笼异步电动机（△/220V）	1 件
3	D41	三相可调电阻箱	1 件
4	D51	波形测试及开关板	1 件
5	D61	继电接触控制挂箱（一）	1 件
6	D62	继电接触控制挂箱（二）	1 件
7	D63	继电接触控制挂箱（三）	1 件

四、实验内容、方法及步骤

1. 单向启动及反接制动控制实验

按下启动按钮，调节控制屏左侧调压旋钮使输出线电压为 220V，然后按下停止按钮。按照图 7-14 所示接线，图中 SB$_1$、SB$_2$、SB$_3$、FR、KM$_1$、KM$_2$ 选用 D61 挂件，R 用 D41 上的 180Ω 电阻，QS 选用 D51 挂件。

按下控制屏上的启动按钮，接通电源，合上开关 QS。动作过程分析如下。

电机的启动过程：

```
                              ┌──→ KM₁ 的联锁触点断开
                              │
按下 SB₁ ──→ KM₁ 线圈得电 ──┼──→ KM₁ 主触点闭合 ──→ 电机全压启动
                              │
                              └──→ KM₁ 的自锁触点闭合
```

电机的反接制动过程：

```
              ┌──→ 线圈 KM₁ 失电 ──→ 主触点 KM₁ 断开
              │                                                转速降到
按下 SB₂ ──┤                                                一定值时
              └──→ 线圈 KM₂ 得电 ──→ 主触点 KM₂ 闭合 ──→ 反接制动开始 ──→ 按下 SB₃ ──→ 反接制动结束
```

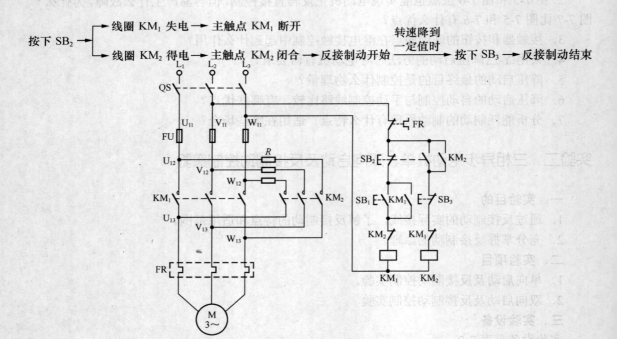

图 7-14　单向启动及反接制动控制实验接线图

2. 双向启动及反接制动控制实验

调节三相可调输出为 220V 线电压输出，按下"停止"按钮，按图 7-15 所示接线。图中 SB₁、SB₂、SB₃、FR₁、KM₁、KM₂、KM₃ 选用 D61 挂件，KA₁、KA₂、Q₁、Q₂（模拟速度继电器）、FU₁、FU₂、FU₃、FU₄ 选用 D62 挂件，KA₃、KA₄ 选用 D63 挂件，R 用 D41 上 180Ω 电阻，电机用 DJ16（或 DJ24）。经检查无误后按以下步骤通电操作，其工作原理流程图如下。

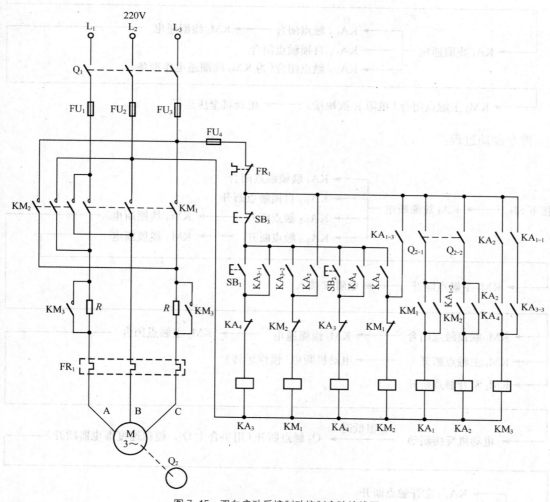

图 7-15　双向启动反接制动控制实验接线图

启动控制屏，合上开关 Q₁。

正转启动过程：

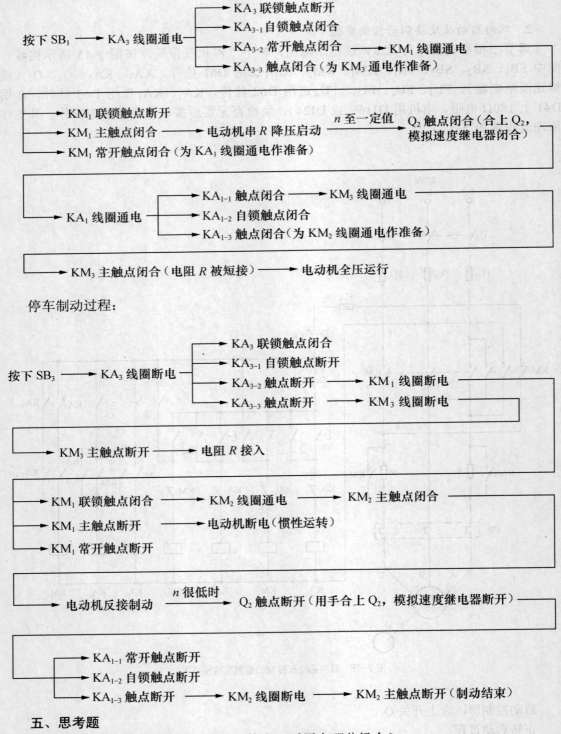

停车制动过程：

五、思考题

1. 分析反接制动的制动原理有什么特点？适用在哪些场合？

2. 速度继电器在反接制动中起什么作用？

3. 画出图 7-15 中电动机反转时的反接制动原理流程图。

实验三 直流电动机的启动、调速与控制实验

一、实验目的

1. 掌握直流电动机的启动方法。
2. 掌握直流电动机的调速方法。
3. 掌握主令开关在电气控制电路中的换接。
4. 掌握电动机正反转控制原理。
5. 掌握利用改变电枢电压极性来改变直流电动机旋转方向的控制线路。
6. 掌握直流电动机的能耗制动方法。

二、实验项目

1. 直流电机的启动。
2. 直流电机的调速。
3. 直流电机的正反转控制。
4. 直流电机的正反转带能耗制动控制。

三、实验设备

实验设备见表 7-3。

表 7-3 实验设备

序 号	型 号	名 称	数 量
1	DJ15 或 DJ25	直流他励电动机	1 件
2	D31	直流数字电压、毫安、安培表	1 件
3	D44	可调电阻器、电容器	1 件
4	D60	直流电气控制	1 件
5	D61	继电接触控制（一）	1 件
6	D62	继电接触控制（二）	1 件

四、实验内容、方法及步骤

1. 直流电机的启动实验

按下控制屏上的"启动"按钮，调节控制屏左侧调压器旋钮调节三相调压输出使三相整流输出直流电压为 220V，按下"停止"按钮。按图 7-16 所示接线，交流 220V 接至控制屏的固定输出端 U_1 和 N_1。图中 SB_1、SB_2、KM_1、KM_2、KT 用 D61 挂件，KI_1、KI_2 用 D60 挂件，R 用 D44 上的 2 只 90Ω 串联共 180Ω 阻值，测量仪表选用 D31 挂件上对应的仪表，电机用 DJ15。按照图 7-16 进行查线，经检查无误后按以下步骤操作。

（1）按下控制屏上的"启动"按钮，欠电流继电器 KI_2 常开触头闭合，按下启动按钮 SB_2，KM_1 通电并自锁，主触点闭合，接通电动机电枢电源，直流电动机串电阻启动。

（2）经过一段延时后，KT 的延时闭合触点闭合，KM_2 线圈通电，常开触头闭合，短接电阻 R 使电动机全压运行，启动过程结束。

（3）按下停止按钮 SB_1，KM_1、KM_2、KT 断电，电动机停止运转。

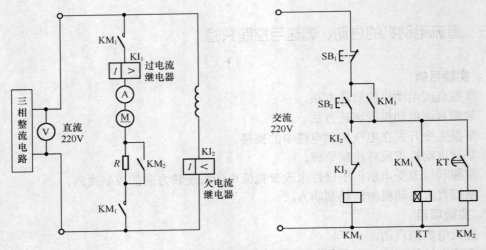

图 7-16　直流电动机的启动控制实验接线图

2. 直流电机的调速实验

启动控制屏调节三相调压输出使三相整流输出直流电压为 220V，按下"停止"按钮，按图 7-17 所示接线，交流 220V 接至控制屏的固定输出端 U_1 和 N_1。图中 KM_1、KM_2 用 D61 挂件，SA、KI_1、KI_2、KA 用 D60 挂件，R 用 D44 上的 2 只 90Ω 串联共 180Ω，R_2 用 D44 上的 2 只 900Ω 电阻串联共 1 800Ω 阻值，直流电流表用控制屏上的，电机用 DJ15。按图 7-17 把线路接好经检查无误后按以下步骤操作。

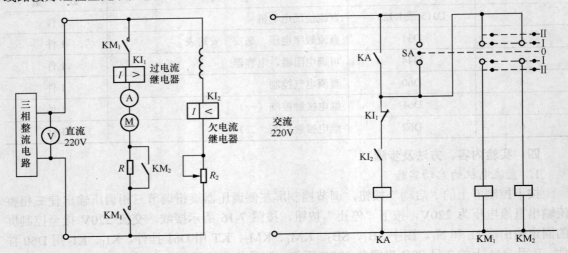

图 7-17　直流电动机调速控制实验接线图

（1）把主令开关打在"0"位置，电阻 R_2 阻值打到最小位置。按下控制屏的"启动"按钮，这时欠电流继电器 KI_2 常开触点闭合，同时中间继电器 KA 通电，常开触头闭合自锁，为直流电动机电枢串电阻启动作好准备工作。

（2）把主令开关打在"I"位置，继电器 KM_1 通电，常开触头闭合，直流电动机电枢串电阻启动运转。

（3）把主令开关打在"II"位置，KM_2 通电，切除电枢串电阻，电动机全压运行。

（4）调节电阻 R_2 的阻值，使电阻 R_2 的阻值逐渐增大，观察电动机的运转速度有什么变化。

（5）把主令开关从"2"位置扳至"0"位置，然后按下控制屏的"停止"按钮，电机停止运转。

3. 直流电机的正反转控制实验

启动控制屏，调节三相调压输出使三相整流输出直流电压为 220V，按下"停止"按钮，按图 7-18 所示接线，交流 220V 接至控制屏的固定输出端 U_1 和 N_1。图中 KM_1、KM_2、KM_3、KT 用 D61 挂件，KI_1、KI_2、KA 用 D60 挂件，KM_5 用 D62 挂件，R 用 D44 两只 90Ω 串联共 180Ω，直流测量仪表选用 D31 上对应的仪表，电机用 DJ15。按图 7-18 接好线路图。

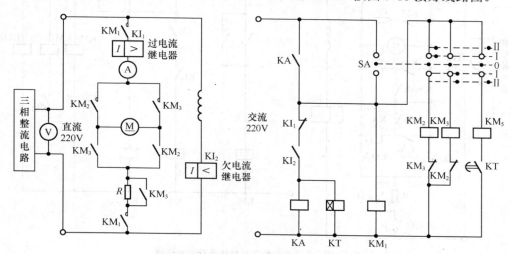

图 7-18　直流电动机的正反转控制实验接线图

电路分析：

该图中，电机的反转控制是利用改变电枢电压极性来达到的。主令开关 SA 的手柄向右（正转），接通接触器 KM_2，电枢电压为左负右正。当手柄向左（反转）接通接触器 KM_2 电枢电压为左正右负，这样就改变了电枢电压的极性，而他励绕组的电流方向没有变，所以实现了反转控制。电路的动作过程如下。

（1）把主令开关 SA 打在"0"位置，按下控制屏的"启动"按钮，继电器 KM_1 通电常开触头闭合，为电机启动做准备，欠电流继电器的常开触头闭合，继电器 KA 通电并自锁。

（2）把主令开关 SA 打在右边"Ⅰ"位置，接触器 KM_2 通电，电动机电枢串电阻正转启动。

（3）把主令开关 SA 打在右边"Ⅱ"位置，接触器 KM_5 就通电，切除电枢所串的电阻全压运行。

（4）把主令开关 SA 从"Ⅱ"位置打到"0"位置，按下控制屏的"停止"按钮，电动机停止运转。

（5）电动机的反转与正转类似，只是主令开关 SA 在"0"位置时往左边转动打在左边的"Ⅰ"、"Ⅱ"位置。

4. 直流电机的正反转带能耗制动控制实验

启动控制屏调节三相调压输出使三相整流输出直流电压为 220V，按下"停止"按钮，按图 7-19 所示接线，交流 220V 接至控制屏的固定输出端 U_1 和 N_1。图中 KM_1、KM_2、KM_2、R_2 用 D61 挂件，SA、KI_1、KI_2、KA_R、KA_L、KA 用 D60 挂件，KM_4、KM_5 用 D62 挂件，R_1

用 D44 上的 2 只 90Ω 串联共 180Ω，R_2 用 D61 上的一只 10Ω 电阻，直流电流表用控制屏上的，电机用 DJ15。按图 7-19 检查线路是否接好。

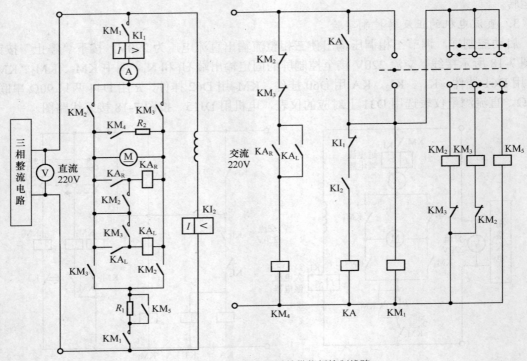

图 7-19　直流电动机正反转带能耗控制线路

电路分析：

电动机启动时电路工作情况与图 7-18 实验相同，停车时采用能耗制动，且利用电压继电器 KA_R 或 KA_L 控制，它们的线圈在工作时与电动机电枢并联，它反映电动机电枢电压，即转速的变化，所以说它是用转速来控制的。电路的动作过程如下。

（1）把主令开关 SA 打在"0"位置，按下控制屏的"启动"按钮，继电器 KM_1 通电常开触头闭合，为电机启动做准备，欠电流继电器的常开触头闭合，继电器 KA 通电并自锁。

（2）把主令开关 SA 打在右边"Ⅰ"位置，接触器 KM_2 通电，电动机电枢串电阻正转启动。正向制动继电器 KA_R 线圈通电吸合并自锁，为制动接触器 KM_4 通电做好准备，同时常闭触头断开，与反转接触器 KM_2 联锁。

（3）把主令开关 SA 打在右边"Ⅱ"位置，接触器 KM_5 就通电，切除电枢所串的电阻全压运行。

（4）当停车制动时，将主令开关 SA 手柄由正转位置扳到零位，这时 KM_2 线圈断电，切断电枢直流电源，此时电动机因惯性，仍以较高速度旋转，电枢两端仍有一定电压，并联在电枢两端的 KA_R 经自锁触点仍保持通电，使 KM_4 通电，将电阻 R_2 并接在电枢两端，故转速急剧下降。随着制动过程的进行，其电枢电势也随着转速的下降到一定程度时，就使 KA_R 释放，KM_4 断电，电动机能耗制动结束，电路恢复到原始状态，以准备重新启动。

（5）电动机的反转与正转类似，只是主令开关 SA 在"0"位置时往左边转动打在左边的"Ⅰ"、"Ⅱ"位置，其停车的制动过程与上述过程相似，不同的只是利用继电器 KA_L 来控制而已。

（6）当用主令开关手柄从正转扳到反转时，电路本身能保证先进行能耗制动，后改变转向。这时利用继电器 KA_R 在制动结束以前一直处于吸合状态，从而断开了反转接触器 KM_2 线圈的回路，故即使主令开关处于反转第"Ⅰ"挡，也不能接通反转接触器。当主令开关从反转瞬时扳到正转时，情况类似。

五、思考题

1. 直流电动机串电阻启动适用于什么场合？

2. 串电阻启动的最终目的是控制什么物理量？为什么？

3. 试画出直流电动机串二级电阻按时间原则启动控制线路，并分析其工作流程。

4. 直流电动机常见的调速方法有哪几种？

5. 改变直流电动机旋转方向有哪两种方法？对于频繁正反向运行的电动机，常用哪种方法？为什么？

6. 直流电动机电气制动有哪 3 种方法？

参 考 文 献

[1] 顾绳谷，等. 电机及拖动基础（上册）. 北京：机械工业出版社，2011 年.
[2] 顾绳谷，等. 电机及拖动基础（下册）. 北京：机械工业出版社，2011 年.
[3] 章玮，等. 电机学、电机与拖动实验教程. 浙江：浙江大学出版社，2006 年.
[4] 黄永龙，等. 电机与电力拖动实验教程. 厦门：厦门大学出版社，2008 年.
[5] 阚凤龙，等. 电工技术实验教程. 北京：人民邮电出版社，2012 年.

学号：_____

实　验　报　告

课程名称：　__电机与拖动__　学年、学期：_____

实验学时：_____　实验项目数：_____

实验人姓名：_____　专业班级：_____

实验项目：_____

实验日期：_____年___月___日　　第_____教学周

主要实验设备

编　　号	名　　称	规格、型号	数　　量	设 备 状 态	备　　注

一、实验目的：

二、实验原理、电路图：

三、实验内容及步骤：

四、实验数据及观察到的现象：

五、实验结论及体会：

六、回答本次实验思考题：

本次实验成绩

教师签字（盖章）：	批改日期：

实验项目：

实验日期：_____年__月__日 | 第_____教学周

主要实验设备

编　号	名　　称	规格、型号	数　量	设备状态	备　注

一、实验目的：

二、实验原理、电路图：

三、实验内容及步骤：

四、实验数据及观察到的现象：

五、实验结论及体会：

六、回答本次实验思考题：

本次实验成绩	
教师签字（盖章）：	批改日期：

实验项目：

实验日期：_____年___月___日　　第_____教学周

主要实验设备

编　　号	名　　称	规格、型号	数　　量	设备状态	备　　注

一、实验目的：

二、实验原理、电路图：

三、实验内容及步骤：

四、实验数据及观察到的现象：

五、实验结论及体会：

六、回答本次实验思考题：

本次实验成绩	
教师签字（盖章）：	批改日期：

实验项目：

| 实验日期：_____年___月___日 | 第_____教学周 |

主要实验设备

编　号	名　称	规格、型号	数　量	设备状态	备　注

一、实验目的：

二、实验原理、电路图：

三、实验内容及步骤：

四、实验数据及观察到的现象：

五、实验结论及体会：

六、回答本次实验思考题：

本次实验成绩	
教师签字（盖章）：	批改日期：

实验项目：

实验日期：_____年___月___日　　第_____教学周

主要实验设备

编　号	名　　称	规格、型号	数　量	设备状态	备　注

一、实验目的：

二、实验原理、电路图：

三、实验内容及步骤：

四、实验数据及观察到的现象：

五、实验结论及体会：

六、回答本次实验思考题：

本次实验成绩

教师签字（盖章）：	批改日期：

实验项目：

实验日期：＿＿＿＿＿年＿＿月＿＿日　　第＿＿＿＿＿＿教学周

主要实验设备

编　号	名　　称	规格、型号	数　量	设 备 状 态	备　注

一、实验目的：

二、实验原理、电路图：

三、实验内容及步骤：

四、实验数据及观察到的现象：

五、实验结论及体会：

六、回答本次实验思考题：

本次实验成绩	
教师签字（盖章）：	批改日期：

实验项目：

实验日期：＿＿＿＿年＿＿月＿＿日　　第＿＿＿＿＿教学周

主要实验设备

编　　号	名　　称	规格、型号	数　　量	设 备 状 态	备　　注

一、实验目的：

二、实验原理、电路图：

三、实验内容及步骤：

四、实验数据及观察到的现象：

五、实验结论及体会：

六、回答本次实验思考题：

本次实验成绩

教师签字（盖章）： | 批改日期：

实验项目：

实验日期：_____年___月___日 | 第_____教学周

主要实验设备

编　号	名　　称	规格、型号	数　量	设备状态	备　注

一、实验目的：

二、实验原理、电路图：

三、实验内容及步骤：

四、实验数据及观察到的现象：

五、实验结论及体会：

六、回答本次实验思考题：

本次实验成绩	
教师签字（盖章）：	批改日期：

实验项目：

实验日期：_____年___月___日 ｜ 第_____教学周

主要实验设备

编　　号	名　　称	规格、型号	数　　量	设 备 状 态	备　　注

一、实验目的：

二、实验原理、电路图：

三、实验内容及步骤：

四、实验数据及观察到的现象：

五、实验结论及体会：

六、回答本次实验思考题：

本次实验成绩

教师签字（盖章）：	批改日期：

实验项目：

实验日期：_____年___月___日　第_____教学周

主要实验设备

编　　号	名　　称	规格、型号	数　　量	设 备 状 态	备　　注

一、实验目的：

二、实验原理、电路图：

三、实验内容及步骤：

四、实验数据及观察到的现象：

五、实验结论及体会：

六、回答本次实验思考题：

本次实验成绩

| 教师签字（盖章）： | 批改日期： |